BiSL® Next in uitvoering

Andere uitgaven bij Van Haren Publishing

Van Haren Publishing (VHP) is gespecialiseerd in uitgaven over Best Practices, methodes en standaarden op het gebied van de volgende domeinen:

- IT en IT-management;
- Enterprise-architectuur;
- Projectmanagement, en
- Businessmanagement.

Deze uitgaven zijn beschikbaar in meerdere talen en maken deel uit van toonaangevende series, zoals *Best Practice, The Open Group series, Project management* en *PM series.*

Op de website van Van Haren Publishing is in de **Knowledge Base** een groot aanbod te vinden van whitepapers, templates, gratis e-books, docentenmateriaal etc. Ga naar www.vanharen.net.

Van Haren Publishing is tevens de uitgever voor toonaangevende instellingen en bedrijven, onder andere: Agile Consortium, ASL BiSL Foundation, CA, Centre Henri Tudor, Gaming Works, IACCM, IAOP, IPMA-NL, ITSqc, NAF, KNVI, PMI-NL, PON, The Open Group, The SOX Institute.

Onderwerpen per domein zijn:

IT and IT Management
ABC of ICT
ASL®
CATS CM®
CMMI®
COBIT®
e-CF
ISO/IEC 20000
ISO/IEC 27001/27002
ISPL
IT4IT®
IT-CMF™
IT Service CMM
ITIL®
MOF
MSF
SABSA
SAF
SIAM™
TRIM
VersiSM™

Enterprise Architecture
ArchiMate®
GEA®
Novius Architectuur Methode
TOGAF®

Business Management
BABOK® Guide
BiSL® and BiSL® Next
BRMBOK™
BTF
EFQM
eSCM
IACCM
ISA-95
ISO 9000/9001
OPBOK
SixSigma
SOX
SqEME®

Project Management
A4-Projectmanagement
DSDM/Atern
ICB / NCB
ISO 21500
MINCE®
M_o_R®
MSP®
P3O®
PMBOK® Guide
PRINCE2®

Voor een compleet overzicht van alle uitgaven, ga naar onze website: www.vanharen.net

BiSL® Next in uitvoering

Handboek voor uitvoerende business-informatiemanagement professionals

Yvette Backer

Machteld Meijer

bisl
business information services library

Van Haren
PUBLISHING

Colofon

Titel:	BiSL® Next in uitvoering
Ondertitel:	Handboek voor uitvoerende business-informatiemanagement professionals
Serie:	Best Practice
Een uitgave van:	ASL BiSL Foundation
Auteurs:	Yvette Backer, Machteld Meijer
Design & lay-out:	Coco Bookmedia, Amersfoort
Uitgever:	Van Haren Publishing (info@vanharen.net)
Uitgave:	Eerste druk, eerste oplage, september 2018
ISBN Hard copy:	978 94 018 0336 6
ISBN eBook:	978 94 018 0337 3
ISBN ePUB:	978 94 018 0338 0

Voor meer informatie over BiSL, ga naar: ASLBiSLFoundation.org

BiSL® Next

Drivers

- Need
- Value
- Mission
- Capability

Perspectives

- Business
- Data
- Service
- Technology

Domains

- Governance
- Strategy
- Improvement
- Operation

Voorwoord

BiSL is in de afgelopen 13 jaar een zeer populair framework geworden binnen Nederland voor functioneel beheer en informatiemanagement. Tienduizenden functioneel beheerders, informatiemanagers, IT managers, key users, enzovoort zijn er in opgeleid en hebben het framework geïmplementeerd in hun dagelijkse werkpraktijk.

In 2015 is de ASL BiSL Foundation begonnen met een serieuze upgrade van het framework vanuit verschillende behoeften, zoals aansluiting bij internationale ontwikkelingen, onderkenning van andere werkwijzen waaronder agile werken, andere manieren om IT te leveren (Cloud, Apps, . . .), een groter belang van security en data, en dergelijke. Eén van de grote drijfveren was ook het versterken van de strategische onderdelen van BiSL waarbij gedacht moet worden aan onderwerpen als governance, strategie, architectuur en beleid.

In februari 2017 zag het nieuwe Engelstalige BiSL Next het daglicht. Een framework dat vanuit vier domeinen (Governance, Strategy, Improvement en Operation) de business-waarde van digitale diensten, data en technologie voor de business helpt vorm te geven. Er was slim hergebruik gemaakt van BiSL en tegelijk was er een bewuste keuze gemaakt om niet zo zeer in de eerste plaats een 'hoe'-boek te zijn maar veel meer een 'inzicht'-boek. Inmiddels (in 2018) is BiSL Next al toe aan zijn tweede druk en kunnen er opleidingen en examens in gevolgd worden.

Wel bleef er met name onder de Nederlandse gebruikers iets knagen: niet voor iedereen is het prettig om enkel een Engelstalige versie te hebben en de mate van 'hoe' werd gemist, met name in het Improvement domein en het Operation domein (de operationele kant van functioneel beheer). Yvette Backer en Machteld Meijer voelden dit gemis in de Nederlandse markt prima aan en zijn in het voorjaar 2017 bij de ASL BiSL Foundation gekomen met een voorstel om een Nederlandstalig operationeel handboek te ontwikkelen op basis van BiSL Next.

En nu is het dan zo ver! Machteld en Yvette hebben een bewonderingswaardige hoeveelheid werk gestopt in vertalen, in herformuleren, in verdiepen en in het verwerken van reviewcommentaren om uiteindelijk dit handboek *'BiSL Next in uitvoering'* gerealiseerd te krijgen. De eerste vier hoofdstukken geven een heldere introductie van BiSL Next waarna de hoofdstukken 5 tot en met 8 ingaan op elk domein. De hoofdstukken 7 en 8 bieden een stevige verdieping aan het Improvement en Operation domein. De hoofdstukken erna plaatsen BiSL Next meer in context, bijvoorbeeld ten aanzien van agile werken en cloud-ontwikkelingen.

Met dit boek is weer een serieuze bijdrage geleverd aan de doorontwikkeling van het Business Informatiemanagement-domein en kan zondermeer gesteld worden dat BiSL Next een volwaardige en complete opvolger is geworden van het eerdere BiSL.

Ik wens eenieder een praktisch gebruik van dit handboek toe, hopelijk leidend tot een optimalere inzet en een groter business belang van informatie, technologie en data.

Gerard Wijers, voorzitter Architectuur Board ASL BiSL Foundation

Reviewers

De auteurs danken de reviewboard:

Jeroen Geurts	Zest Academy
Lucille van der Hagen	ASL BiSL Foundation
Jasper Maas	Capgemini Academy
Jan Ploeg	I-Interim Rijk
Gerard Wijers	Anderson MacGyver

en de overige reviewers:

Tom Bosch	IV-experts
Martijn van Boxtel	CZ
Jan de Buck	Gemeente Amsterdam
Coenraad Doeser	Het Waterschapshuis
Bert Franken	IV-experts
Jettie van Gool-van den Bovenkamp	Shell
Dolf van der Haven	Verizon
Danielle Hennephof	ING
Ton van Lieshout	Capgemini Academy
Ronald Maas	CZ
Marcel Penners	HAN Hogeschool
Hans Peter Roersma	Haagse Hogeschool
Lex Scholten	BiSLSmart
Mark Smalley	Smalley.IT
Frank Snels	Universiteit Twente
Jeroen Venneman	EnterAgile
Rene Visser	Hogeschool Rotterdam
Jan de Vries	Naboek
Wilbert Wijers	Maturia

Inhoudsopgave

1. INLEIDING

1.1 INHOUD EN CONTEXT

Al decennialang is een veelgehoorde uitspraak dat business en IT beter op elkaar moeten aansluiten. In de vorige eeuw begon Jerry Luftman al zijn onderzoek hiernaar en nog steeds komt het naar voren als een van de punten waar managers zich het meest zorgen over maken[1]. Om een betere aansluiting te bewerkstelligen zijn modellen en procesmodellen (als AIM, ASL®, BiSL®, COBIT®, ITIL®) ontworpen of doorontwikkeld en heeft het belang van menselijk gedrag veel meer aandacht gekregen (zie bijvoorbeeld: e-CF, ABC van ICT). Daarnaast zijn geheel nieuwe zienswijzen ontstaan op het gebied van samenwerking tijdens de ontwikkeling en het beheer van informatiesystemen (zoals Agile/Scrum en DevOps). Vandaag de dag is een goede aansluiting niet eens meer genoeg. Het gaat om een veel verdere samenwerking tussen business en IT. Informatie, data (gegevens) en IT spelen een steeds belangrijkere rol in organisaties. De business is in veel gevallen zelfs volledig afhankelijk geworden van IT en data en sommige diensten die bedrijven verlenen (business-services) bestaan alleen maar uit digitale systemen. Onvoldoende aansluiting tussen business en IT is nog steeds een van de grootste problemen die de hedendaagse managers ondervinden.

Business-informatiemanagement (BIM) heeft een grote rol in de aansluiting tussen business en IT. In 2001 is voor het eerst een model beschreven voor business-informatiemanagement: BiSL® (Business information Services Library). Het werd gepositioneerd en beschreven als procesmodel voor de vraagkant van IT. Activiteiten binnen het domein business-informatiemanagement, op richtinggevend, sturend en uitvoerend niveau werden hierin op gestructureerde wijze beschreven. In die tijd was er veelal sprake van watervalsgewijze systeemontwikkeling, bovendien was de wereld nog lang niet zo gedigitaliseerd als nu en was het samenwerken tussen business en IT met name gebaseerd op een klant-leveranciersrelatie. Samenwerken als

1 Bron: Wilkinson, 2017

partners en vergaande integratie tussen business-services en IT-oplossingen waren nog maar weinig aan de orde.

Vanwege de toenemende digitalisering in de wereld om ons heen is een nieuwe versie van BiSL ontwikkeld: BiSL Next. Bestuurders en managers van organisaties willen graag weten waarom een goede governance en een goed management van de informatievoorziening cruciaal zijn voor het effectief kunnen verbeteren en veranderen van de diensten van een organisatie aan haar klanten. BiSL Next, zoals beschreven in het boek '*BiSL® Next – A Framework for Business Information Management: Improving business performance through better use of information and technology*', geeft veel aandacht aan het vergroten van het inzicht en begrip hierin. Het gaat in op het 'waarom' en geeft vervolgens een breed overzicht van het 'wat' van business-informatiemanagement. Onderwerpen die in de eerste versie van BiSL grotendeels buiten beschouwing bleven[2] zijn nu ook beschreven, zoals governance (oftewel bestuur en toezicht) en data.

! In dit boek zullen we BiSL Next in het vervolg aanduiden met BiSL. Daar waar gerefereerd wordt aan de vorige versie van BiSL zullen we BiSL1 hanteren om verwarring te voorkomen.

Niet alleen het management van een organisatie moet op de hoogte zijn van het belang van business-informatiemanagement en de ondersteunende rol van BiSL daarin. Het is ook prettig als de medewerkers dit kunnen vertalen naar de daadwerkelijke uitvoering: dat ze weten hoe de principes aansluiten op de dagelijkse praktijk. Dit boek biedt een overzicht van BiSL als geheel, gevolgd door een verdieping van de activiteiten en producten op het uitvoerende niveau om een bijdrage te leveren aan de vertaling naar de praktijk.

2 Bron: Van der Pols, 2012

1.2 DOELSTELLING VAN DIT BOEK

Algemeen

Ten opzichte van BiSL1 zijn er op het eerste gezicht veel wijzigingen in het nieuwe model doorgevoerd. Natuurlijk moeten in grote lijnen nog steeds dezelfde activiteiten worden uitgevoerd om te komen tot een effectieve ondersteuning en transformatie van bedrijfsprocessen door informatie en IT. Deze activiteiten zijn in het nieuwe model anders gerangschikt, er zijn andere accenten. Ook is de werkwijze van de gemiddelde functioneel beheerder veranderd in de afgelopen jaren. Denk maar aan de veranderingen die het overschakelen van watervalsgewijs naar agile werken met zich meebrengt. In dit boek worden de activiteiten die in relatie staan met BiSL nader uitgewerkt en worden gerelateerde producten benoemd. Het accent ligt in dit boek meer op de operatie en minder op strategie en management, maar beide worden behandeld.

Om het boek te kunnen begrijpen is kennis van BiSL1 niet noodzakelijk.

Doelgroep

Dit boek bevat enerzijds een, overigens niet letterlijke, vertaling van de hoofdpunten van het Engelse BiSL Next boek en anderzijds een uitbreiding van de beschrijving van de meer operationele activiteiten binnen business-informatiemanagement. Daardoor is de doelgroep vrij breed: het is bedoeld voor een ieder die mede verantwoordelijk is voor de kwaliteit (beschikbaarheid, betrouwbaarheid, relevantie, etc.) van de informatie die een organisatie tot haar beschikking heeft. Zij kunnen een rol hebben ten aanzien van het bestuur, de strategie, de verbetering of de operatie van de informatievoorziening van een organisatie.
De algemene beschrijvingen van BiSL Next zijn gericht op een ieder die een rol speelt binnen business-informatiemanagement, van business-informatiemanager tot organisatieadviseur tot key-user (kerngebruiker). De uitbreidingen zijn met name gericht op functioneel beheerders, key-users en consultants die werkzaam zijn in dit vakgebied en dienen mede als basis voor BiSL Next-examens.

Doelstellingen

De doelstellingen van dit boek zijn:

- Informeren over de noodzaak en belang van business-informatiemanagement;
- Een beschrijving geven van de nieuwe versie van BiSL, het framework voor business-informatiemanagement;
- Een gedetailleerde uitwerking geven van de domeinen, perspectieven en drivers binnen business-informatiemanagement;
- Een overzicht geven van de voornaamste onderwerpen, activiteiten en producten binnen de vier domeinen vanuit de vier perspectieven;

- Het bieden van een naslagwerk voor iedereen die op enige wijze is betrokken bij business-informatiemanagement of de inrichting ervan, met een nadruk op de hiervoor benoemde doelgroep.

1.3 LEESWIJZER

> In het boek treft u teksten aan die zijn gemarkeerd met een grijze verticale lijn in de kantlijn. Dit zijn nieuwe teksten (en figuren), vaak praktijkgericht, of gebaseerd op publicaties rond BiSL1 en dus niet een vertaling uit het Engelse BiSL Next boek. De overige teksten zijn voor het grootste gedeelte rechtstreeks gebaseerd op het Engelse BiSL Next boek, hoewel het meestal geen letterlijke vertaling is.

Na de inleidende paragrafen in dit hoofdstuk gaan we in paragraaf 1.4 in op een aantal basisbegrippen die worden gebruikt in dit boek.

In hoofdstuk 2 wordt uitgelegd wat het belang is van business-informatiemanagement en wat het in grote lijnen inhoudt. Daarna wordt het BiSL-model geïntroduceerd.

In hoofdstuk 3 worden alle elementen van het model kort behandeld. Hoofdstuk 4 gaat in op de *Drivers* en *Perspectives*. De drivers worden nader uitgewerkt en er wordt aangegeven welke activiteiten gekoppeld zijn aan de drivers. Ook krijgt het *Data perspective* speciale aandacht om als basis te dienen voor de volgende hoofdstukken.

In de hoofdstukken 5 tot en met 8 worden de *Domains* en de *Perspectives* verder uitgewerkt. Hier wordt systematisch aandacht besteed aan welke activiteiten en producten gekoppeld zijn aan de vier domeinen vanuit de vier perspectieven van BiSL. Vooral in de hoofdstukken 7 (*Improvement*) en 8 (*Operation*) wordt veel aandacht gegeven aan de activiteiten binnen BIM, omdat deze domeinen over het algemeen het werkterrein van functioneel beheerders (of soortgelijke functies) zijn.

Hoofdstuk 9 gaat in op de veranderingen binnen het domein business-informatiemanagement als gevolg van de opkomst van nieuwe ontwikkelaanpakken, als Agile/Scrum en DevOps en van technologische ontwikkelingen als cloud en SaaS (Software as a service).

Hoofdstuk 10 geeft een opsomming van een aantal veel voorkomende rollen binnen business-informatiemanagement. Voor elke rol volgt een opsomming van activiteiten die 'bij de rol horen'. Uiteraard kan de invulling van een rol in elke organisatie anders zijn. Ook rollen en rolbenamingen zijn aan veranderingen onderhevig. Hanteer de rolbeschrijvingen in dit hoofdstuk dus als voorbeelden.

Hoofdstuk 11 besteedt aandacht aan het implementeren van business-informatiemanagement in een organisatie.

Ten slotte zijn er enkele bijlagen:
- Bijlage 1 Gebruikte termen en definities;
- Bijlage 2 Soorten informatiesystemen in organisaties;
- Bijlage 3 Cross reference met BiSL1;
- Bijlage 4 Afkortingen;
- Bijlage 5 Literatuur.

Taalgebruik

Over het algemeen worden activiteiten op het gebied van business-informatiemanagement uitgevoerd door zowel mannen als vrouwen. Vanwege de leesbaarheid gebruiken we in dit boek echter niet hij/zij maar hij.

Business-informatiemanagement is een werkveld, een verzameling van activiteiten. Business-informatiemanagement is geen concrete afdeling, hoewel je een afdeling waar functioneel beheerders en informatiemanagers zijn ondergebracht wel zo kunt noemen natuurlijk. Toch zullen we omwille van de leesbaarheid regelmatig zinnen formuleren als: "BIM doet dit" en "BIM doet dat" in plaats van "binnen het domein BIM wordt dit of dat gedaan". "BIM doet. . ." zegt dus niets over de plek in de organisatie waar de activiteit plaats vindt; het geeft alleen aan dat deze activiteit een verantwoordelijkheid is van het domein business-informatiemanagement. Dit geldt ook als we schrijven dat iets een activiteit is "voor BIM". De activiteiten kunnen worden uitgevoerd door BIM-professionals die zijn ondergebracht in een afdeling 'BIM' of 'functioneel beheer' of verspreid zijn over de organisatie. Ze kunnen ook worden uitgevoerd door medewerkers van gebruikersafdelingen die naast hun gewone werk in de bedrijfsprocessen enkele extra taken hebben ten aanzien van de informatievoorziening. Bijvoorbeeld key-users.

Bij het organiseren van en praten over business-informatiemanagement moet ook in de praktijk altijd goed het verschil tussen het domein en de organisatorische afdeling in het oog worden gehouden. Ook gebruiken we teksten als "IT doet dit" en "IT doet dat". Met IT bedoelen we dan de interne IT-afdelingen en/of de externe IT-leveranciers. Overal waar in dit boek in algemene zin wordt gesproken over IT-leveranciers, worden zowel de interne afdelingen als de externe leveranciers bedoeld. Dit wordt, behalve in de definities van termen, verder niet meer specifiek aangegeven.

1.4 TERMEN

Het basisboek waarin BiSL Next voor het eerst is beschreven is bewust in het Engels geschreven om het BiSL-gedachtegoed beter te kunnen positioneren op de internationale markt. Om de aansluiting op dat boek zo eenvoudig mogelijk te houden is er voor gekozen om de belangrijkste Engelse termen in de Nederlandse boeken te handhaven. We hebben het dan bijvoorbeeld over de *domains* (domeinen), *perspectives* (perspectieven) en *drivers* wanneer we refereren aan de basiselementen van het nieuwe BiSL-model. Deze termen worden in dit boek cursief weergegeven. De termen diensten en services kunnen worden gezien als synoniemen. Dat geldt ook voor data en gegevens.

Dit boek gaat over business-informatiemanagement, een begrip dat is geïntroduceerd bij de totstandkoming van BiSL1. In de praktijk wordt veelal het begrip functioneel beheer gehanteerd voor de operationele beheeractiviteiten in de gebruikersorganisatie, zoals ondersteuning van gebruikers, wijzigingenbeheer, specificeren van eisen en testen. Daarnaast is het beheren van gegevens de laatste jaren steeds belangrijker geworden. De genoemde taken worden veelal uitgevoerd door functioneel beheerders en gegevensbeheerders. Functioneel beheer en gegevensbeheer zijn zeer wezenlijke onderdelen van business-informatiemanagement. Business-informatiemanagement omvat echter meer dan alleen die operationele activiteiten. Het gaat ook over beleid, strategie en sturing. Daarom is het gebruiken van de term functioneel beheer niet dekkend voor het hele BIM-domein en daardoor verwarrend. Dus is (destijds al) voor het begrip business-informatiemanagement gekozen. Hier sluiten we in dit boek op aan.

Voor een goed begrip van de inhoud van dit boek is het zinvol eerst een aantal termen en definities op een rijtje te zetten. Dit boek gaat over de rol van BiSL voor business-informatiemanagement. Wat wordt hieronder verstaan? Wat is het verschil met informatiemanagement en businessmanagement? Wat is het verschil tussen een informatiesysteem en een informatieservice? En hoe verhouden deze begrippen zich tot de term informatievoorziening? Om deze vragen te beantwoorden zijn deze begrippen hieronder omschreven. Een uitgebreider overzicht van gehanteerde termen is terug te vinden in Bijlage 1.

Organisatie
In deze publicatie zullen we het meestal hebben over 'de organisatie', maar soms ook over 'de gebruikersorganisatie' of 'de business' (synoniemen). Welk woord gebruikt wordt hangt af van de context. Gebruikersorganisatie wordt bijvoorbeeld gebruikt als verwarring met de IT-organisatie dreigt.

Gebruikers
In dit boek wordt regelmatig gesproken over 'gebruikers', degenen die gebruik maken van de informatiesystemen. Maar inmiddels zijn deze gebruikers niet meer alleen collega's, maar kunnen het ook medewerkers van informatieketenpartners zijn of klanten die bijvoorbeeld gebruik maken van een portaal of een app. Er kunnen dus verschillende groepen van gebruikers zijn, allen met verschillende achtergrond, belangen en behoeften. Voor de leesbaarheid bedoelen we in dit boek wanneer we het hebben over 'gebruikers' alle gebruikers.

Informatievoorziening
In Nederland is 'informatievoorziening' een kernbegrip. Informatievoorziening wordt gedefinieerd als: de informatie die beschikbaar is voor (een deel van) een organisatie plus de mensen, procedures, gegevens, (digitale en analoge) gegevensdragers, software en hardware (kortweg de informatiesystemen en -services) die deze informatie voortbrengen.

De informatievoorziening van een organisatie is gericht op de informatiebehoefte van die organisatie. Binnen de informatiebehoefte zijn drie typen informatie te onderscheiden:

- *Operationele informatie* voor het uitvoeren en beheersen van de bedrijfsprocessen en het verrichten van feitelijke handelingen in de organisatie;
- *Besturingsinformatie* voor het besturen van de organisatie;
- *Verantwoordingsinformatie* om over de bovengenoemde zaken verantwoording af te leggen.

De informatievoorziening van een organisatie is in steeds grotere mate afhankelijk van IT-middelen. Maar ze is ook afhankelijk van menselijk gedrag. Als een medewerker (afgesproken) informatie niet doorgeeft aan zijn manager is het resultaat dat de informatie niet op de gewenste tijd op de gewenste plek komt, dus is de informatievoorziening aan de manager niet goed.
Als de NS niet doorgeeft aan de reizigers dat er wegens storm geen treinen meer rijden of vergeet te melden waar vervangende bussen staan, dan is de informatievoorziening aan de reizigers niet goed.
Maar de informatievoorziening is ook niet goed als een applicatie die draait op een centrale server op zich prima functioneert, maar de server niet benaderbaar is. Of als een medewerker van een servicedesk heel traag, trager dan afgesproken, antwoord geeft op een vraag.

De informatievoorziening was vroeger vooral afhankelijk van communicatie tussen mensen, nu wordt deze over het algemeen verzorgd door meerdere informatiesystemen en informatieservices die elk in een deel van de informatiebehoefte voorzien.

Informatiesysteem
Het begrip *informatiesysteem* wordt binnen de informatica op meerdere manieren uitgelegd. In de ruime betekenis wordt het omschreven als 'de mensen, procedures, gegevens, (digitale en analoge) gegevensdragers, software en hardware die informatie produceren om de doelen van een (deel van een) organisatie te vervullen' [bron: Delen en Looijen]. In de meest enge betekenis wordt het gebruikt als synoniem voor applicatie. In dit boek hanteren we de ruime betekenis.

Een informatiesysteem:
- kan geautomatiseerd of niet-geautomatiseerd zijn of een combinatie van beide;
- ondersteunt vaak een of meerdere bedrijfsprocessen of een deel ervan;
- maakt deel uit van de informatievoorziening van een of meer organisaties en kan de grenzen van een organisatie overschrijden.

Services
In de huidige samenleving worden continu services (diensten) en producten aangeboden en afgenomen. Diensten en producten worden ook vaker met elkaar verbonden om meer toegevoegde waarde te leveren aan de consumenten (en daarmee meer omzet voor de leveranciers, natuurlijk). Ook het leveren van producten kan worden gezien als een service. De kwaliteit van de dienstverlening rondom de aankoop is maatgevend voor de service die een consument ervaart.
Het leveren van producten en van diensten wordt steeds meer ondersteund en vereenvoudigd door geautomatiseerde informatiesystemen en is er daardoor ook afhankelijker van.

Praktijkvoorbeeld: service bij de opticien
Je stapt bij een opticien naar binnen omdat je alles niet zo scherp meer ziet. Het aanpassen en verkopen van brillen en contactlenzen zijn immers de belangrijkste diensten van een opticien. Je kiest voor een bril. Na de aanschaf hiervan krijg je via de mail een berichtje wanneer de bril gereed is. Vervolgens wordt deze niet gewoon overhandigd, maar ook afgesteld en opgepoetst. Daarna kun je nog jarenlang bij een willekeurige winkel uit dezelfde keten gratis je bril laten bijstellen. Bovendien kunnen ze in alle filialen opzoeken in het systeem welke glazen je hebt, wanneer je een montuur hebt aangeschaft en of dat model nog verkrijgbaar is. Dat is prettig als het montuur het begeven heeft maar de glazen nog niet vervangen hoeven te worden.

Om klanten te laten beschikken over gewenste informatie of producten worden daarom services verleend door een organisatie aan haar klanten en door IT aan de organisatie. De verschillende services die we in dit boek onderscheiden worden hieronder beschreven.

Begrip	Beschrijving
Service (dienst)	Een manier om waarde te leveren aan klanten door klanten in staat te stellen de door hen gewenste resultaten te realiseren, zonder zelf eigenaar te zijn van de specifieke kosten en/of de risico's die verbonden zijn aan de service [Bron: ITIL, NEN-ISO/IEC 20000-1]. Een dienst bestaat uit een (1) aanbod van een partij aan een andere, tussen wie een (2) relatie bestaat; een (3) koppeling tussen beide partijen, (4) interactie (of dienstverlening) tussen de partijen, en resulteert in (5) output en (6) resultaat voor beide partijen. In het kader van dit boek onderscheiden we: - informatieservices; - IT-services; - business-services.
Business-service	Dienst van een organisatie (commercieel of overheid) aan haar klanten of andere stakeholders, die kan bestaan uit een of meerdere onderliggende diensten en/of producten.
Informatieservice	Een dienst die ertoe bijdraagt dat een organisatie beschikt over de voor haar activiteiten gewenste of noodzakelijke informatie. Een informatieservice is gebaseerd op een (deel van een) informatiesysteem.
Business-informatieservice	Een dienst die ertoe bijdraagt dat een organisatie beschikt over de benodigde gegevens of informatie om business-services te kunnen leveren aan haar klanten.
IT-service	Een dienst die wordt geleverd door een (interne of externe) IT-dienstverlener. IT-services omvatten diensten die ervoor zorgen dat klanten toegang hebben tot informatiesystemen, ondersteunende diensten (zoals een servicedesk of databasebeheer), en het geautomatiseerde deel van een informatiesysteem.

In figuur 1.1 Is te zien hoe de meest gebruikte termen zich tot elkaar verhouden. Het komt er in het kort op neer dat de informatievoorziening van een organisatie is opgebouwd uit de informatie die door middel van informatieservices op basis van informatiesystemen wordt geleverd.

Het domein business-informatiemanagement heeft als aandachtsgebied alle informatie, informatieservices en informatiesystemen die worden geleverd aan en gebruikt door een organisatie.

Een informatieservice is een dienst die wordt geleverd aan management, medewerkers, informatieketenpartners en/of klanten van een organisatie. Hierbij is de toegevoegde waarde van de dienst een belangrijk issue. Informatie- en IT-services kunnen enerzijds alleen uit niet-tastbare zaken bestaan (zoals beantwoorden van vragen door een helpdesk over het gebruik of de werking van de informatiesystemen) maar anderzijds kunnen het ook combinaties zijn van een product, zoals een softwarepakket, en activiteiten daaromheen.

Een business-informatieservice is een dienst die ertoe bijdraagt dat een organisatie beschikt over de benodigde gegevens of informatie om business-services te kunnen leveren aan haar klanten. Denk hierbij vooral aan business-services die (bijna) geheel afhankelijk zijn van IT. Een business-informatieservice is daarmee een specifieke verschijningsvorm van een informatieservice. In het vervolg van dit boek maken we dit onderscheid niet meer. We spreken alleen van informatieservices. Deze kunnen dus zowel het primaire proces ondersteunen als secundaire processen, zoals personeelszaken of salarisverwerking.

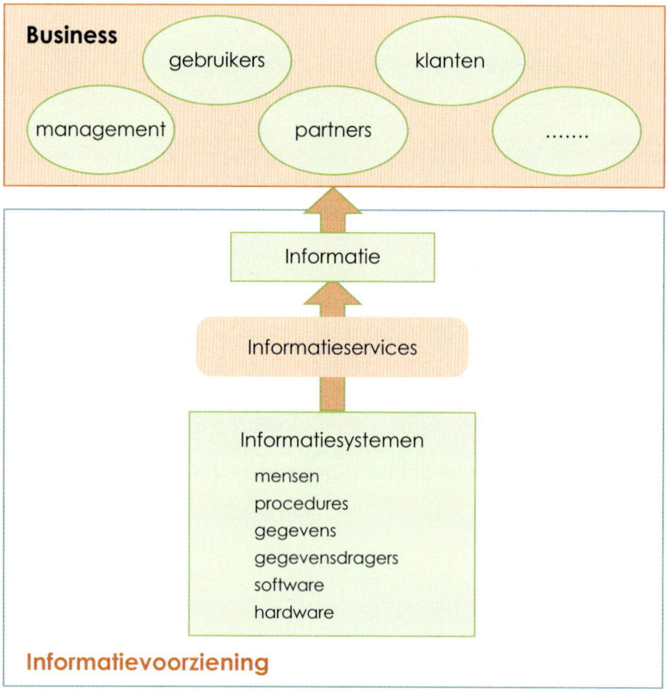

Figuur 1.1 Relatie tussen enkele basisbegrippen

Uitleg

Om het verschil tussen een informatiesysteem en een informatieservice duidelijker te maken trekken we een parallel met de taxibranche.

Iemand is van plan om een taxidienst op te zetten. Hij koopt een auto, haalt de vereiste diploma's, schaft een extra telefoonnummer aan en neemt iemand in dienst om de telefoontjes te beantwoorden en de taxiritten in te plannen etc.

Hij verleent hiermee echter nog geen diensten. Dat doet hij pas als hij daadwerkelijk personen gaat vervoeren. Auto, telefoon en telefoniste zijn te vergelijken met onderdelen van 'het taxisysteem'. Het daadwerkelijk vervoeren van personen op basis van afspraken is de 'taxiservice'.

Business-informatiemanagement

Business-informatiemanagement omvat alle activiteiten die nodig zijn om een organisatie te voorzien van de benodigde informatie. Dus ook het opstellen van informatiebeleid, specificeren van gebruikerswensen, acceptatie-activiteiten, mondelinge informatieoverdracht, etc. maken er deel vanuit. De informatievoorziening is het resultaat van alle op informatie gerichte activiteiten en is in hoge mate afhankelijk van de kwaliteit van de informatiesystemen en de diensten en communicatie daaromheen. Hierop gaan we wat dieper in paragraaf 2.2.

Naast business-informatiemanagement en functioneel beheer worden in dit boek nog andere termen gebruikt in het kader van het managen van (de informatievoorziening van) een organisatie. Een aantal is in onderstaande tabel op een rijtje gezet. Voor andere begrippen zie ook Bijlage 1.

Term	Omschrijving
Businessmanagement	De activiteiten die verbonden zijn aan het managen van een bedrijf, zoals besturen, leiden, monitoren, organiseren en plannen.
Informatiemanagement	Het richting geven aan en bewaken van de inhoud en vorm van de informatievoorziening op hoofdlijnen (vaak voor de middellange en lange termijn), alsmede het bepalen van de meest geëigende organisatie om deze inhoud en vorm te realiseren. [Bron: Van der Pols, 2012]
Applicatiemanagement	Alle taken, verantwoordelijkheden en activiteiten gericht op beheer, ondersteuning, onderhoud en vernieuwing van bestaande applicaties en gerelateerde gegevensstructuren met als doel om de applicaties in een dusdanig staat te brengen dat zij aan de eisen en behoeften van hun eigenaren voldoen gedurende de gehele levenscyclus van de bedrijfsprocessen of de business-services die de applicaties ondersteunen [Bron: Glossary BiSL].
IT-infrastructuurmanagement	Alle taken, verantwoordelijkheden en activiteiten gericht op een correcte technische exploitatie van informatiesystemen, bestaande uit apparatuur, (systeem)programmatuur en databases en databestanden [Bron: Glossary BiSL]. Het gaat om taken als: - installeren, onderhouden en vernieuwen van de IT-infrastructuur: hardware, netwerk, randapparatuur, operating system, systeemsoftware, etc.; - installeren en draaien (de operatie) van de software, installeren van databases en databestanden en zorgen dat deze in goede staat blijven (bijvoorbeeld door het maken van back-ups); - opstellen van beleid en strategie voor de IT-infrastructuur.
IT	Informatietechnologie. In het boek wordt IT als zelfstandig woord ook vaak gebruikt als aanduiding van de interne en externe IT-dienstverleners ('BIM en IT verzorgen gezamenlijk de informatievoorziening van een organisatie')

Term	Omschrijving
IT-servicemanagement	De vaardigheden en processen die verbonden zijn aan het aansturen en beheersen van de activiteiten en middelen voor het plannen, ontwerpen, veranderen, opleveren en verbeteren van diensten ten einde waarde op te leveren [Bron: NEN-ISO/IEC 20000-1]. Bij IT-servicemanagement gaat het bijvoorbeeld om het management van services als applicatieontwikkeling, applicatiemanagement, IT-infrastructuurmanagement en databasebeheer.

2. BUSINESS-INFORMATIE-MANAGEMENT

2.1 INLEIDING

Geen enkele organisatie, hoe klein ook, kan zonder informatie. Voor het besturen van elke organisatie is informatie nodig die betrouwbaar, volledig, tijdig, overzichtelijk (en ga zo maar door) moet zijn.

De meeste organisaties zijn tegenwoordig zelfs totaal afhankelijk van geautomatiseerde informatiesystemen. Niet alleen voor de besturing van de organisatie maar ook voor het uitvoeren van de primaire bedrijfsprocessen. Denk hierbij aan bijvoorbeeld salarisverwerkers, banken en verzekeraars. De gegevens moeten overal vandaan komen. Vaak zijn hier veel ondersteunende applicaties voor nodig, die doorgaans worden afgenomen van verschillende leveranciers, die op hun beurt weer rekening moeten houden met andere organisaties. Het managen hiervan is geen eenvoudige zaak (zie figuur 2.1).

Steeds meer organisaties baseren de diensten die ze in de markt zetten op technologische mogelijkheden die IT biedt. Als ze dat niet doen dan doet een andere organisatie dat wel en zijn ze snel hun markt kwijt. Ze moeten dus wel op een andere manier gaan denken over zaken als hun producten, diensten, processen, besturing en gebruikers- en klantondersteuning. Bij bedrijven als Airbnb, Amazon en Uber bestaan de belangrijkste business-services geheel uit IT. De kwaliteit van de gegevens en de betrouwbaarheid van software en hardware in deze organisaties is van vitaal belang, evenals het benutten van nieuwe technologische mogelijkheden.

Niet altijd worden geautomatiseerde informatiesystemen gebruikt. Soms is het voldoende om de benodigde informatie op papier vast te leggen, bijvoorbeeld afspraken in een papieren agenda of een berekening op een kladpapiertje. Denk hierbij aan een vrijwilliger die op verzoek het gras maait van zijn overbuurvrouw of voor haar de boodschappen doet en daarbij gebruik maakt van een papieren agenda voor het maken van de afspraken met de buurvrouw. Of denk aan de briefjes op de koelkast van studentenhuizen met informatie over de inhoud van

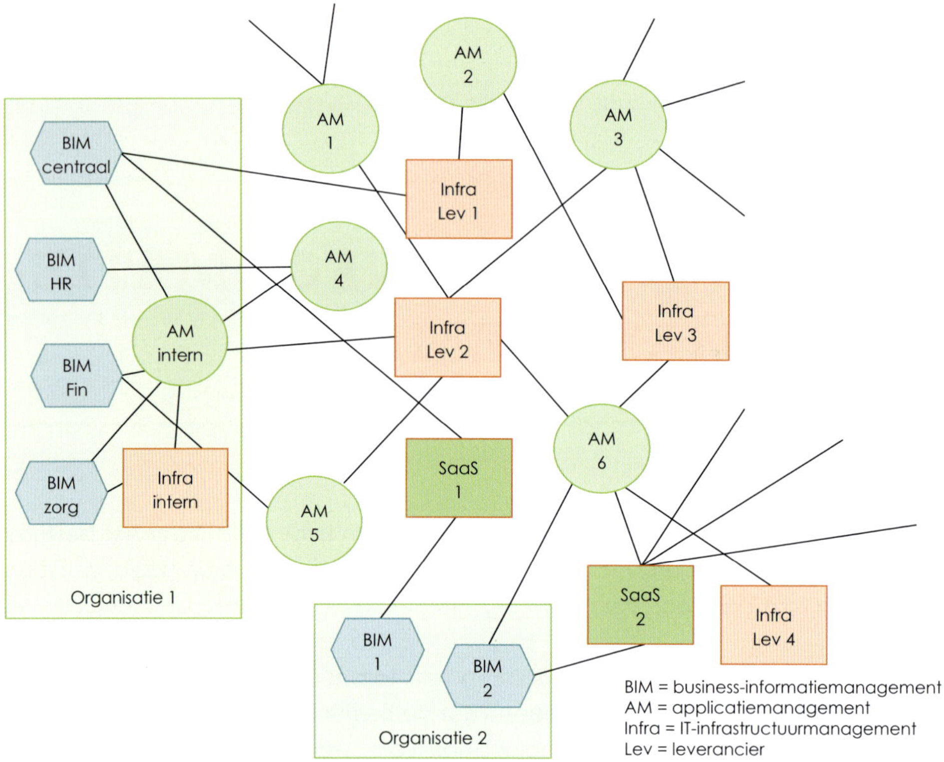

Figuur 2.1 Ingewikkelde verbanden tussen organisaties

de koelkast. Of aan het gebruik van Kanban-borden - tegenwoordig veelvuldig in gebruik bij agile teams - bij het in kaart brengen van wat er nu onderhanden is en wie wat doet.

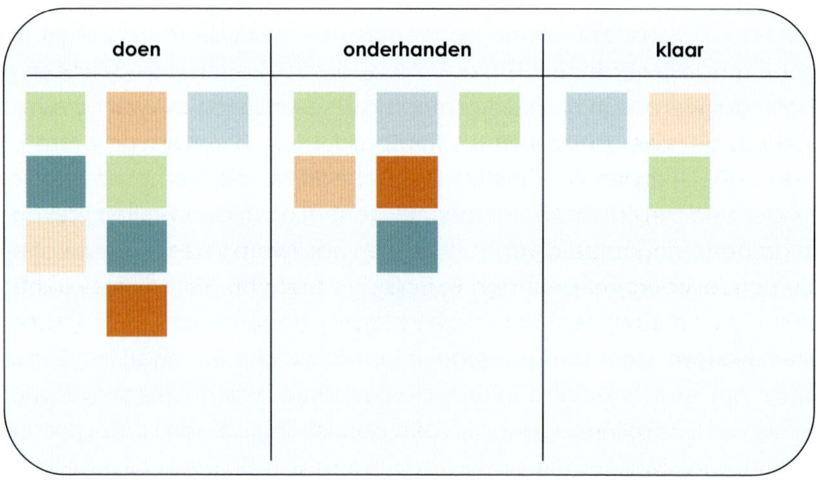

Figuur 2.2 Kanban-bord

De informatie waar een organisatie de beschikking over heeft, geautomatiseerd of niet-geautomatiseerd, dient de bedrijfsdoelstellingen effectief en efficiënt te ondersteunen. Een cruciale factor daarin is de kwaliteit van de informatiesystemen, de informatieservices en de gegevens die de business ondersteunen. Het besturen van deze informatie en informatiesystemen en informatieservices is het vakgebied van business-informatiemanagement (BIM).

Afstemming business en IT

Randvoorwaarde voor het goed kunnen besturen van een organisatie en uitvoeren van de bedrijfsactiviteiten is dat de juiste informatie beschikbaar is, dat wil zeggen dat de informatie aansluit op de behoeften van de bedrijfsactiviteiten. Voordat we verder ingaan op BIM of BiSL®, schenken we daarom aandacht aan de noodzaak om business en IT op elkaar af te stemmen of deze met elkaar te verbinden of integreren. Business-IT-alignment is het streven naar een optimale relatie tussen business en IT. In de praktijk blijkt dat dat vaak neerkomt op het zo goed mogelijk invullen van de wensen van de business door IT. Dit klinkt goed. Maar in de praktijk kan dit er toe leiden dat er te 'braaf' wordt gedaan wat wordt gevraagd en er vanuit een te strikte klant-leverancier relatie wordt gewerkt. Dat werkt 'wij-zij'-denken in de hand, hetgeen de samenwerking tussen business en IT soms meer kwaad dan goed doet. Businessmanagers roepen dan "IT doet niet wat wij willen!".

Het brengt ook met zich mee dat de business onvoldoende ruimte geeft aan IT om aan te geven wat nieuwe mogelijkheden zijn, waardoor kansen verloren gaan. Veel bedrijfsprocessen en business-services zijn zodanig afhankelijk van IT dat de IT er in grote mate in geïntegreerd zit, IT maakt in die gevallen onlosmakelijk deel uit van de processen en services. Van onderscheid tussen business en IT is dan nauwelijks meer sprake en ook is er dan geen sprake meer van een klant-leveranciersrelatie tussen business en IT. Het zijn gewoon collega's die samen werken aan de (digitale) business-services die worden geleverd aan de klanten van de organisatie.

Daarom wordt nu vaker gesproken over *convergence* (geleidelijk integreren) van IT in de business, hetgeen op termijn kan leiden tot *fusion* (samensmelting van IT en business) als strategie om het meeste uit de IT te halen. Dit houdt in dat bij elke gewenste verandering in de bedrijfsactiviteiten het aanpassen van de IT die deze activiteiten ondersteunt nog belangrijker wordt. En ook put de business dan steeds vaker inspiratie uit nieuwe technologische mogelijkheden voor het aanpassen van hun eigen diensten.

Ondanks deze ontwikkelingen geven organisaties nog steeds aan dat de aansluiting tussen business en IT een van hun grootste pijnpunten is. Wanneer organisaties gebruik maken van kant en klare software is de grootste uitdaging om pakketten te vinden die zo goed mogelijk aansluiten op wat de business nodig heeft. Samenwerken met een pakketleverancier bij het definiëren van de standaardproducten die zij op de markt brengen is meestal niet aan de orde. Wanneer gebruik wordt gemaakt van pakketten die speciaal voor een branche worden ontwikkeld (bijvoorbeeld voor apothekers of ziekenhuizen) is enige inbreng nog wel mogelijk. Maar er is geen een-op-een relatie tussen business en IT. Hoe verder IT afstaat van de business hoe moeilijker het is om de onderlinge afstemming goed te regelen. Het maakt het lastiger voor IT om de behoeften van de business te doorgronden en daardoor is effectieve communicatie ook moeilijker.

Een businessmanager heeft veel 'uitdagingen' om in een wereld waarin de veranderingen in de business steeds sneller gaan, ervoor te zorgen dat de informatieservices daar gelijke tred mee houden. Ook is het een uitdaging voor de businessmanager om blijvend op de hoogte te blijven van nieuwe technologische mogelijkheden als inspiratie voor nieuwe diensten van de business.

BIM en een ieder die in dit domein werkzaam is, van CIO (Chief Information Officer) tot helpdeskmedewerker of tester, spelen een grote rol in het optimaliseren van de samenwerking tussen business en IT.

2.2 WAT IS BIM?

Business-informatiemanagement (BIM) is het domein dat verantwoordelijk is voor alle taken en activiteiten die gericht zijn op het besturen, definiëren, verbeteren en ondersteunen van het gebruik van de informatiesystemen en -services die nodig zijn voor het uitvoeren van de bedrijfsactiviteiten en het bereiken van de doelstellingen van een organisatie.

BIM gaat over het bestuur (*governance*), de strategie (*strategy*), de verbetering (*improvement*) en het beheer (*operational management*) van de informatievoorziening vanuit een businessperspectief.

De belangrijkste taken zijn:

- Ervoor zorgen dat een organisatie de geschikte informatiesystemen en informatieservices tot haar beschikking heeft, bijvoorbeeld door het opstellen van beleid, het monitoren en verzamelen van behoeften en het bepalen welke services ontwikkeld, aangepast, aangekocht, etc. worden;
- Ervoor zorgen dat een organisatie de informatie en de IT op een juiste manier gebruikt, bijvoorbeeld door eindgebruikers te ondersteunen en te trainen en door het monitoren van de kwaliteit van de bedrijfsgegevens.

BIM biedt de mogelijkheid om;

- De bedrijfsinformatie effectief te besturen;
- Een strategie te bepalen met betrekking tot de informatiebehoeften van de organisatie (en de daaraan verbonden organisaties) en ervoor te zorgen dat op basis van deze strategie een ontwerp voor de informatieservices kan worden gemaakt;
- De ontwikkeling van informatieservices op tactisch niveau aan te pakken door tijdens de ontwikkeling ervan te sturen op de informatiebehoeften, daarbij gebruik makend van good practices uit het project- en programmamanagement;
- Ervoor te zorgen dat de vereiste operationele functionaliteit wordt geleverd, gebruikt en ondersteund.

Voor het BIM-domein is IT een middel of instrument om een organisatie te kunnen voorzien van de juiste informatie. Informatiesystemen omvatten ook niet-geautomatiseerde onderdelen, zoals formulieren, papieren dossiers, procedures en handleidingen. Ook ingescande, maar verder niet toegankelijk gemaakte documenten zijn te beschouwen als niet-geautomatiseerde informatie. BIM onderhoudt de niet-geautomatiseerde delen van de informatiesystemen en stuurt de IT-leveranciers aan die de geautomatiseerde delen ervan ondersteunen. Daarom worden in het BIM-domein ook de keuzes tussen geautomatiseerde en niet-geautomatiseerde oplossingen gemaakt.

Activiteiten binnen het BIM-domein zijn met name:

- Uitvoeren van strategische activiteiten die nodig zijn om te beslissen over de toekomst van de informatiesystemen en -services die nodig zijn voor de informatievoorziening van de bedrijfsactiviteiten en bepalen hoe deze strategische activiteiten worden georganiseerd; hieronder vallen het opstellen van informatiebeleid en -strategie op basis van het bedrijfsbeleid;
- Bewaken van ontwikkelingen in de organisatie, bedrijfsketens en IT en het vertalen van deze ontwikkelingen (kansen en bedreigingen) naar gevolgen voor de informatiesystemen en informatieservices;
- Beheren, evalueren en verbeteren van metadata, masterdata en toezien op de kwaliteit van de door de organisatie gebruikte gegevens;
- Definiëren welke informatie nodig is om de bedrijfsprocessen en business-services te ondersteunen;
- Erop toezien dat deze informatie wordt verzameld en beveiligd in lijn met het bedrijfsbeleid;
- Definiëren/specificeren van de eisen aan de informatiesystemen en -services;
- Accepteren van nieuwe of veranderde informatiesystemen en -services;
- Voorbereiden van de organisatie op het gebruik van nieuwe informatiesystemen;
- Ondersteunen van de gebruikers in de organisatie;
- Aansturen van deze activiteiten en van de IT-leveranciers.

Grote(re) veranderingen in de informatievoorziening worden over het algemeen projectmatig opgepakt. Ook deze projecten vallen onder de scope van BIM.

De activiteiten binnen BIM hebben enerzijds een aansturend en namens de (gebruikers)organisatie ook een opdrachtgevend karakter richting IT, en anderzijds een adviserend of dienstverlenend karakter naar de managers en gebruikers binnen de organisatie. Hoe formeel het geven van opdrachten aan IT wordt vormgegeven hangt sterk af van de mate waarin IT is geïntegreerd in de business-services en de organisatie. Ook als je volledig samenwerkt met IT zal er toch altijd sprake zijn van beslissers en meedenkers en van personen die behoefte hebben aan informatie en anderen die daar invulling aan geven. Ook dan kun je spreken van 'opdrachtgeverschap', maar het is dan meer in de vorm van eigenaarschap van de systemen en eindbeslisser over wat daarmee wordt gedaan.

Wie betaalt, bepaalt

IT-servicemanagement heeft een sterke relatie met BIM. In zijn algemeenheid wordt servicemanagement veelal gedefinieerd als "Het geheel van gespecialiseerde organisatorische vaardigheden voor het leveren van waarde aan klanten in de vorm van diensten". Het bestaat uit alle activiteiten die gericht zijn op de realisatie van services conform de eisen die hieraan door de ontvanger van de diensten worden gesteld. IT-servicemanagement beslaat met name de activiteiten aan de kant van IT: beheren en onderhouden van applicaties en infrastructuur en die vervolgens aan de organisatie of haar klanten ter beschikking stellen. Het gaat dan dus om de waarde van de IT-services voor de business. De invloed van BIM hierop is groot.

Wanneer we het in dit boek hebben over IT dan hebben we het over IT in brede zin. Dat wil zeggen dat ook computertechnologie die wordt gebruikt bij technologische automatisering, procesmonitoring of robotisering hieronder worden begrepen. De activiteiten die moeten worden verricht voor het kunnen gebruiken van deze vormen van computertechnologie komen op hoofdlijnen overeen met die uit de administratieve wereld. De principes uit dit boek kunnen daarom ook goed worden toegepast voor de meer technische vormen van automatisering.

2.3 WAT IS BiSL?

BiSL is een leveranciersonafhankelijke standaard voor het organiseren en implementeren van BIM. De *library* bestaat uit publicaties die het BiSL-model beschrijven, ondersteund door talloze concrete *best practices*, zoals rolbeschrijvingen, checklists en voorbeelden, white papers, artikelen en presentaties. Een in het oog springend onderdeel van BiSL is het BiSL-model. In het volgende hoofdstuk wordt het nieuwe BiSL-model in grote lijnen beschreven.

BiSL geeft ondersteuning bij het vormgeven van het ontwikkelen en beheren van de eigen informatievoorziening en de informatie-uitwisseling met informatieketenpartners. Dit kunnen zowel andere organisaties zijn als andere units binnen de eigen organisatie.

BiSL ondersteunt een organisatie door vast te leggen wat de meest gebruikte activiteiten binnen BIM zijn. Als het goed wordt gebruikt zorgt BiSL ervoor dat een organisatie haar gevoelige en vitale informatie onder controle heeft, de kosten die veroorzaakt worden door slechte datakwaliteit lager worden en er ontstaat een cultuur die is gericht op de kwaliteit, integriteit en beschikbaarheid van informatiemiddelen. BiSL is tevens een onontbeerlijk hulpmiddel voor die organisaties die willen doorgroeien naar een digitale organisatie.

BiSL is slechts een framework, een hulpmiddel dus. BiSL is zeker niet een doel op zich. Te veel verbeterprojecten hebben als doel om een framework in te voeren, in plaats van het veranderen van werkwijze en gedrag. BiSL is ook geen voorschrift dat blind gevolgd moet worden. Elke situatie is anders. De implementatie en uitvoering van BiSL-principes varieert dus afhankelijk van de specifieke omstandigheden.

3. HET BiSL-MODEL

3.1 INTRODUCTIE

In het vorige hoofdstuk hebben we kunnen lezen dat BIM gaat over het bestuur (*governance*), de strategie (*strategy*), de verbetering (*improvement*) en het beheer (*operational management*) van de informatievoorziening beschouwd vanuit een businessperspectief en dat BiSL een framework is voor het organiseren van BIM. Een van de onderdelen van BiSL is het BiSL-model.

Het BiSL-model beschrijft de onderwerpen die voor een organisatie van belang zijn om te kunnen beschikken over de informatie die nodig is voor het uitvoeren van haar primaire en secundaire (ondersteunende) bedrijfsprocessen en voor het leveren van de door de organisatie gewenste business-services (de diensten aan de klanten van de business). Hierbij gaat het om bestuur, strategie en uitvoering. Daartoe is het model opgedeeld in de domeinen *Governance, Strategy, Improvement* en *Operation*. Deze vier domeinen (*Domains*) worden beschouwd vanuit diverse perspectieven of invalshoeken (*Perspectives*) die onlosmakelijk een rol spelen in de informatiehuishouding: de organisatie en bedrijfsprocessen zelf (*Business*) en de benodigde gegevens en informatie (*Data*), diensten (*Service*) en technologie (*Technology*).

Om de gewenste business-services te kunnen leveren is, zoals al eerder vermeld, nagenoeg elke organisatie afhankelijk van informatie en dus van informatiesystemen en -services. Om te kunnen bepalen welke informatiesystemen en -services een organisatie (of wel 'de business') nodig heeft is kennis van de volgende factoren onontbeerlijk:

- de behoeften van de business (*Need*),
- de waarde die de informatiesystemen en -services moeten leveren voor de business (*Value*),
- de missie van de organisatie (*Mission*) en

- de middelen, vaardigheden en competenties die nodig en aanwezig zijn om de van de missie afgeleide doelen te bereiken (*Capability*).

Dit worden de *Drivers* genoemd.

Hiermee zijn de twaalf basiselementen van het nieuwe BiSL-model, afgebeeld in figuur 3.1, benoemd.

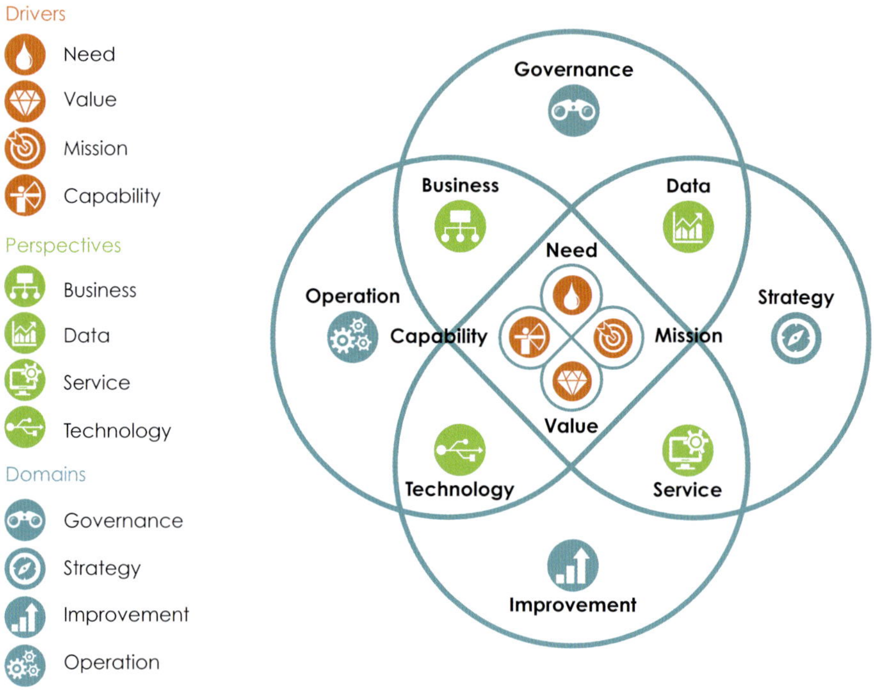

Figuur 3.1 Het BiSL- model

Figuur 3.1 illustreert hoe de *Drivers, Domains* en *Perspectives*, met elkaar in verband staan. Hierbij zijn iconen gebruikt die een logische representatie zijn van deze componenten. De iconen worden kort uitgelegd in het kader in paragraaf 3.2.1.

3.2 OPBOUW BISL-MODEL

BiSL is bedoeld om gebruikt te worden als overkoepelend framework voor het managen van de informatievoorziening. Het is beschreven vanuit het perspectief van de business en kan worden gebruikt in combinatie met frameworks die op andere gebieden gericht zijn, zoals ITIL®, COBIT®, ASL, VerISM™, DAMA-DMBOK®, TOGAF®, etc. Het is bedoeld voor het besturen, managen en uitvoeren van de activiteiten van organisaties die afhankelijk zijn van informatie en IT.

Hierna volgt een beschrijving van elk van de twaalf belangrijkste elementen van het BiSL-model – eerst de vier *drivers* die de principes beschrijven die geldig zijn binnen alle *domains*, dan de vier *domains* van activiteiten die tezamen het business-informatiemanagement (BIM) vormen en tenslotte de vier *perspectives*, de invalshoeken van waaruit de vier *domains* worden beschouwd.

3.2.1 Drivers

Voor elke organisatie, of het nu gaat om een grote commerciële onderneming, een midden- en kleinbedrijf (MKB) of een overheidsorganisatie, is het van groot belang dat de informatievoorziening optimaal is. Alleen dan kunnen de bedrijfsprocessen goed lopen, de managers goede beslissingen nemen en de gewenste business-services worden geleverd.

Voor een goede informatievoorziening zijn goede informatieservices noodzakelijk. En om goede informatieservices te kunnen leveren moeten logischerwijs in de eerste plaats de informatiebehoeften van de organisatie bekend zijn (*Need*). De behoeften zijn een logisch gevolg van de missie van de organisatie (*Mission*). Indien is vastgesteld wat de behoeften zijn en als de informatiesystemen en -services die in de behoefte kunnen voorzien in kaart zijn gebracht, is het goed om te weten wat de waarde is van elk informatiesysteem en elke informatieservice: wat draagt deze bij aan het invullen van de informatiebehoefte (*Value*). Ten slotte moet duidelijk zijn welke capabilities een organisatie in huis heeft of moet inkopen of inhuren (*Capability*). Denk hierbij aan mensen, middelen en geld. *Need, Mission, Value* en *Capability* worden de *Drivers* genoemd in BiSL.

De iconen

Drivers

Need

Een van de belangrijkstwe behoeften op aarde is water, vandaar dat Need wordt gesymboliseerd door een waterdruppel.

Value

Diamanten zijn heel kostbaar, hebben veel waarde, daarom wordt Value gesymboliseerd door een diamant.

Mission

De missie van een organisatie heeft veel te maken met haar uiteindelijke doelstellingen, dus wordt Mission gesymboliseerd door een pijl in de roos die het doel heeft geraakt.

Capability

Om de doelen te bereiken heeft een organisatie middelen, vaardigheden en competenties nodig, gelijk een boogschutter die de roos wil raken, vandaar dat Capability hiermee wordt gesymboliseerd.

Domains

Governance

Governance wordt gevoed door inzicht en overzicht en gaat over besturen, vandaar de verrekijker.

Strategy

De strategie, de toekomstvisie, is het kompas voor alle verbeterprojecten en programma's in Improvement, vandaar dit icoon.

Improvement

Bij Improvement ga je ervan uit dat de prestaties verbeteren, hetgeen wordt gesymboliseerd door een oplopend staafdiagram.

Operation

In de uitvoering moeten alle radertjes goed op elkaar aansluiten om te komen tot de gewenste bedrijfsresultaten, vandaar de keuze van dit symbool voor Operation.

Perspectives

Business

Elke organisatie is op de een of andere manier georganiseerd, daarom wordt Business gesymboliseerd door een organogram.

Data

Omdat gegevens vaak meer informatie geven door ze in een grafiek te plaatsen, is een grafiek gekozen als symbool voor Data.

Service

De uitkomsten van een informatieservice worden veelal gepresenteerd via een beeldscherm, vandaar de keuze van dit symbool voor Service.

Technology

Dit teken dat voor USB-verbindingen wordt gebruikt is een begrijpelijke keuze als symbool voor Technology.

3.2.2 Domains

Governance binnen BiSL betreft activiteiten die worden uitgeoefend door het bestuur of de directie van een organisatie. Het gaat hierbij om het aansturen, monitoren en evalueren van de opzet, de implementatie en het management van de informatievoorziening. Een belangrijk doel ervan is zorgen voor de benodigde samenhang tussen business en IT. Het managen van informatiestromen, het structureren van informatie- en data-afhankelijkheden en werkmethoden tussen alle stakeholders moet worden gecoördineerd. Het is van groot belang voor een organisatie dat *Governance* goed wordt uitgevoerd.

Het *Governance domain* binnen BIM stelt het informatiebeleid op en vast en is ervoor verantwoordelijk om te monitoren hoe het beleid (bijvoorbeeld op het gebied van *Identity and Access Management*, kwaliteit, risicobeheersing en beveiliging) de domeinen *Strategy, Improvement* en *Operation* beïnvloedt.

Het *Strategy domain* is gericht op de informatiestrategie van een organisatie, niet op haar business-strategie (bedrijfsstrategie). Net als business-services moeten ook informatiesystemen en -services toekomstbestendig zijn. Indien tekortkomingen in de huidige diensten worden gevonden moet er waar mogelijk duidelijk worden aangegeven wat er moet gebeuren om tot verbeteringen te komen. In dit domein komen zaken als portfoliomanagement en de informatie-lifecycle aan de orde.

Kernwoorden:

Governance – beleid

Strategy – toekomst

Improvement – eisen

Operation – gebruik

De primaire focus van het *Improvement domain* ligt op de wijze waarop informatiesystemen en –services verbeterd kúnnen worden, en de wijze waarop dit daadwerkelijk gebeurt. Het gaat om zowel aanpassingen aan bestaande systemen als de aanschaf of ontwikkeling van nieuwe systemen. Onderwerpen die hier aan de orde komen zijn bijvoorbeeld analyse en specificatie van informatiebehoeften en toezicht op testen en ingebruikname. Het *Improvement domain* is nauw gekoppeld aan het *Operation domain*.

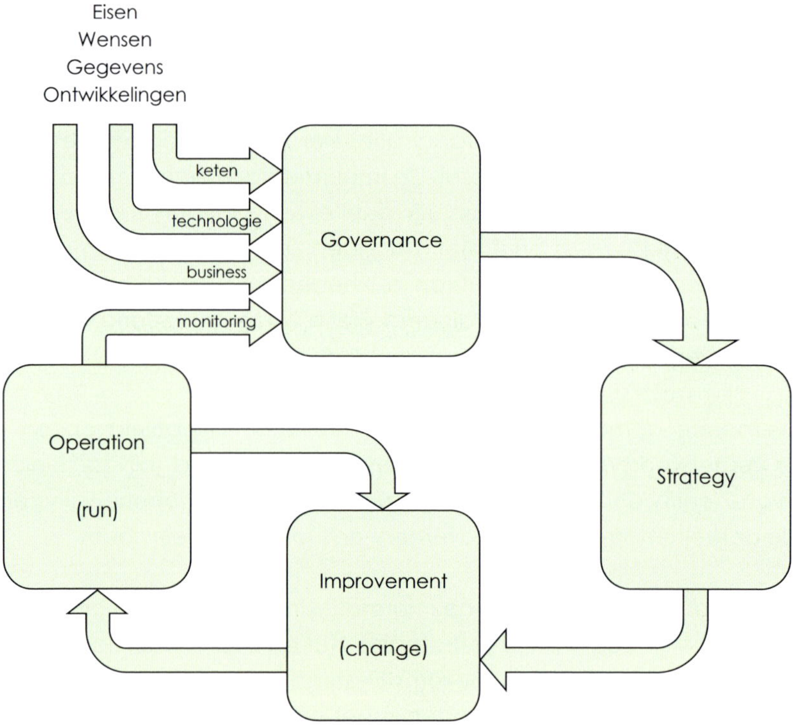

Figuur 3.2 Relatie tussen de domeinen en de buitenwereld

Het *Operation domain* richt zich op het gebruik van informatiesystemen in de business. In dit domein gaat het erom dat de bedrijfsprocessen, de business-services en de besturing van de organisatie optimaal en continu worden ondersteund door informatiesystemen en -services. De activiteiten binnen dit domein zorgen voor ondersteuning van de gebruikers van informatiesystemen tijdens de uitvoering van hun bedrijfsactiviteiten, voor ondersteuning bij het leveren van operationele diensten door IT en het bewaken van hun dienstverlening, en voor de dagelijkse aansturing van het operationele management van de dienstverleners.

3.2.3 Perspectives

De activiteiten in alle domeinen moeten worden gerelateerd aan de belangen van de business. Het *Business perspective* zorgt hiervoor.

Het *Data perspective* kijkt naar alle gegevens, en de daaraan gestelde eisen, die van belang zijn voor een organisatie.

Het *Service perspective* houdt zich bezig met de ontwikkeling en acquisitie van nieuwe of verbeterde informatieservices, het testen van deze diensten en de kwaliteit van de diensten waar de organisatie al gebruik van maakt.

Technologie dient zich steeds vaker aan, ook zonder dat de business erom vraagt. Daarom is *Technology* als perspectief opgenomen in het model en wordt er in alle domeinen aandacht aan besteed.

In de volgende hoofdstukken worden de *drivers, perspectives* en *domains* verder uitgewerkt.

4. DRIVERS EN PERSPECTIVES

4.1 INLEIDING

In het vorige hoofdstuk zijn de basiselementen van BiSL in het kort beschreven. In dit hoofdstuk gaan we dieper in op de *drivers* en *perspectives* binnen BiSL en worden de belangrijkste activiteiten die binnen het BIM-domein thuishoren en voortvloeien uit de *drivers* op een rijtje gezet. Ook wordt aandacht besteed aan de sturende activiteiten binnen BIM, die nauw samenhangen met de drivers. Ten slotte wordt nader ingegaan op data en datakwaliteit als opstapje naar de hoofdstukken waarin vanuit het *Data perspective* wordt gekeken naar de vier *domains*.

4.2 DRIVERS

De *drivers* zijn de kernprincipes die op elk van de *domains* van toepassing zijn. De *drivers* omvatten twee paren aan elkaar gekoppelde componenten die elkaar aanvullen maar elkaar ook in evenwicht houden, namelijk *Need & Value* en *Mission & Capability*.

4.2.1 Inleiding op de drivers

In de driver *Need* wordt de informatiebehoefte van de business beschreven, terwijl *Value* de toegevoegde waarde beschrijft van de informatiesystemen en -services die deze informatie leveren voor de business. Binnen steeds meer organisaties zie je dat er expliciet aandacht wordt besteed aan de waarde van potentiële aanpassingen in de informatiesystemen en -services voor de organisatie en haar klanten ('businesswaarde' respectievelijk 'klantwaarde'). *Need* en *Value* zijn direct aan elkaar gerelateerd: als iets geen waarde heeft, is het dan nog nodig? En zelfs als een specifieke belanghebbende iets nodig zegt te hebben, is het soms de vraag of het waarde toevoegt voor de organisatie als geheel. De waarde van de informatiesystemen en –services is van cruciaal belang voor een organisatie: als een informatiesysteem en de daaraan verbonden diensten niet gewaardeerd worden of geen aantoonbare waarde opleveren, dan zijn deze waarschijnlijk niet nodig.

Boodschap
Waar besluitvorming over nieuwe projecten vroeger vooral werd gedaan op basis van de verwachte kosten, wordt nu steeds meer gekeken naar de verwachte toegevoegde waarde voor de business.

De driver *Mission* is direct gerelateerd aan de missie van een organisatie. De driver *Capability* helpt om te bepalen welke competenties, vaardigheden en middelen (tijd, geld, businessstaf, IT-staf, etc.) nodig zijn om de missie te volbrengen.

Mission en *Capability* zijn sterk aan elkaar gerelateerd want om als organisatie succesvol te opereren en de missie van een organisatie te volbrengen is een veelheid aan competenties, vaardigheden, middelen, etc. (*capabilities*) nodig; als een capability niet nodig is, dan heeft deze ook geen waarde in het tot stand brengen van de missie van de organisatie.

4.2.2 Need

De *driver Need* is ervoor verantwoordelijk dat bestaande en nieuwe behoeften binnen de bedrijfsprocessen worden onderkend en dat hierover besluitvorming plaatsvindt. Want natuurlijk leidt niet elke behoefte automatisch tot een aanpassing van de informatievoorziening. Dat hangt af van de kosten en de meerwaarde.

Uitgangspunt bij het bepalen van de *Need* zijn de behoeften van de organisatie en de bedrijfsprocessen, inclusief de business-services, aan ondersteuning door middel van informatiesystemen en -services. Deze behoeften vertalen zich naar eisen aan de kwaliteit en de functionaliteit van de informatiesystemen, de informatieservices, de BIM-processen en de IT-processen. Het is niet alleen noodzakelijk om ervoor te zorgen dat deze eisen worden opgesteld maar ook om te sturen op de mate waarin wordt voldaan aan deze eisen. En dat steeds met de behoeften van het bedrijfsproces in het achterhoofd.

Ten behoeve van de invulling van de *driver Need* kunnen we de volgende activiteiten onderscheiden:

Bepaal de behoefte aan informatieservices

Een informatieservice is opgebouwd uit functionaliteit, data en technologie. Dus moet er worden gestuurd op al deze aspecten. In het verleden werd soms hoofdzakelijk aandacht besteed aan alleen de functionaliteit of alleen aan de gegevens. Recenter wordt juist meer waarde gehecht aan de gebruikte technologie. Maar voor een goede invulling van de informatiebehoefte zijn alle aspecten van belang en moeten ze in afstemming met elkaar worden bepaald.

- Bepaal de behoefte aan functionaliteit;
- Bepaal de behoefte aan gegevens en informatie;
- Bepaal de behoefte aan technologie;
- Bepaal welke informatieservices nodig zijn;
- Definieer de gewenste kwaliteit van de informatieservices.

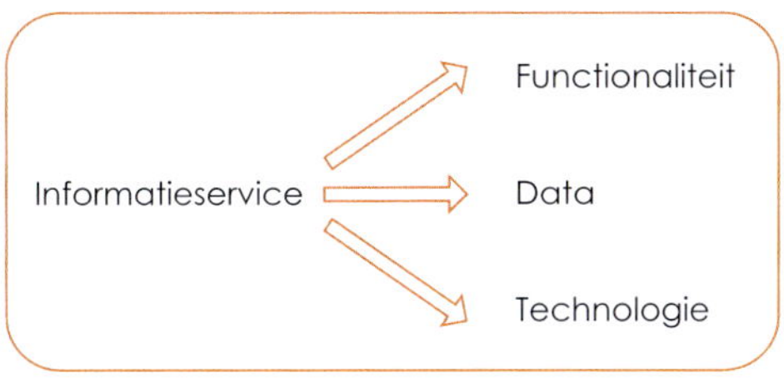

Figuur 4.1 De drie componenten van een informatieservice

Bepaal de impact van het invullen van deze behoeften

Vervolgens wordt de noodzaak onderzocht aan de hand van een impactanalyse:

- Bepaal de korte en lange termijn kosten in verhouding tot de gewenste kwaliteit van de diensten, processen en procedures;
- Bepaal de gevolgen van de gewenste nieuwe of gewijzigde informatieservices voor de risico's, de efficiency en, last but not least de business-services.

Stel jaarplannen op

Zowel plannen voor de korte termijn als voor de langere termijn zijn nodig. Dus zowel plannen met een scope van één jaar als plannen met een scope van drie tot vijf jaar. Een jaarplan kijkt weliswaar (minimaal) een jaar vooruit, maar het wordt steeds vaker meer dan een keer per jaar opgesteld. Er wordt gewerkt met een voortschrijdende planning en prioriteitstelling.

Het planningsproces in kleine organisaties verschilt van dat in grote organisaties, bijvoorbeeld qua timing en accenten die worden gelegd. In essentie worden dezelfde stappen uitgevoerd:

- Bepaal aan welke jaarplannen behoefte is (dat kunnen plannen zijn voor de hele organisatie of per businessunit of per informatiedomein, het kunnen plannen zijn voor de totale informatievoorziening of voor de BIM-activiteiten, etc.);
- Bepaal het vereiste detailniveau van elk plan;
- Definieer vereiste kwaliteit, risico's en beveiligingsniveau en leg dit vast;
- Bepaal de kritieke succesfactoren (CSF's) en de belangrijkste performance indicatoren (KPI's);
- Stel de plannen op.

Informatiedomein
Een informatiedomein is een samenhangend geheel aan informatie en informatiesystemen, dat gerelateerd is aan een afgebakend deel van de bedrijfsprocessen en afzonderlijk wordt aangestuurd.

Het opstellen van informatie(jaar)plannen is een van de activiteiten binnen het domeinperspectief[3] *Business strategy*. In paragraaf 6.2 wordt hier daarom ook nog aandacht aan besteed. Zowel in een omgeving waar systeemontwikkeling watervalsgewijs plaatsvindt als in een agile omgeving is een jaarplan een wezenlijk instrument. Het is wel zo dat er bij agile werken een andere invulling aan de jaarplannen wordt gegeven. Het jaarplan bevat niet meer een productieplanning voor de komende twaalf maanden, eerder wordt aangegeven dat er releases gaan komen en worden deze releases in de loop van het jaar ingevuld. Ook wordt aandacht besteed aan welke thema's er spelen in de scrum-teams, aan welke behoeften van de organisatie invulling zal worden gegeven en wat de organisatie moet doen om de geplande informatiesystemen in gebruik te nemen.

Houd de administratie bij

Voor de besturing van de genoemde activiteiten ten aanzien van de jaarplannen zijn vanzelfsprekend administratieve handelingen nodig. Hieronder volgen enkele voorbeelden:

- Onderzoek gerelateerde technologie- / infrastructuurplannen;
- Houd de voortgangsinformatie actueel;
- Review plannen en werk deze bij;
- Werk nauw samen met management, bedrijfsonderdelen en leveranciers;
- Houd een overzicht van de aanwezige capabilities bij.

3 Een domeinperspectief is een domein (*Governance, Stragy, Improvement* of *Operation*) bezien vanuit een bepaald perspectief (*business, data, service* of *technology*)

4.2.3 Value

Uitgangspunt bij het invoeren of verbeteren van een informatiesysteem of de daaraan gekoppelde dienstverlening is de waarde voor de organisatie. Niet per se de waarde voor een specifieke klant of medewerker, omdat die tegenstrijdige belangen kunnen hebben. Om een goede inschatting te kunnen maken van de waarde voor de organisatie moet de waarde voor de stakeholders van de organisatie uiteraard wel in beeld zijn. Veranderingen moeten altijd leiden tot waardevermeerdering voor de organisatie.

Het totaal aan business-services en/of producten die door een organisatie worden aangeboden, is de primaire bron van waarde; als een organisatie de dienst niet verkoopt, levert (bijvoorbeeld bij een overheidsdienst) of bevordert, heeft de dienst geen waarde. Informatie- en IT-diensten kunnen ook deel uitmaken van een dienstenportfolio van een organisatie, echter alleen daar waar deze diensten opbrengsten genereren (bijvoorbeeld IBM of HP, leveranciers van web-diensten waar de IT-diensten hun business-services zijn).

Ten behoeve van de invulling van de *driver Value* kunnen de volgende activiteiten worden onderscheiden:

Bepaal de waarde van informatiesysteem en -service
Het gaat hier in de eerste plaats om de waarde van de informatieservice en de daaraan gelieerde informatiesystemen voor de organisatie. Deze wordt mede bepaald door de waarde van de dienst voor de business-services en de waarde voor de klanten van de organisatie.

Het bepalen van de waarde van een informatiesysteem of -service is niet altijd even gemakkelijk en de waarde kan verschillend zijn vanuit het oogpunt van de klant (bijvoorbeeld bestelgemak), de business (concurrentievoordeel) of IT (gedeelde resources). Vanuit organisatieperspectief kom je tot vragen als 'Wat gaat er mis als we het niet doen?' en 'Welke nieuwe markten boren we aan als we het wel doen?' Het bepalen van de waarde van een dienst kan niet worden overgelaten aan IT, omdat zij minder inzicht hebben in hetgeen voor de gebruikersorganisatie van belang is. Toelichting en advies vanuit IT omtrent haar diensten is wel belangrijke input voor BIM. Ook moet BIM duidelijk maken aan de organisatie wat haar eigen toegevoegde waarde is.

Voorbeeld uit de praktijk
Een bank wilde een informatiesysteem laten wijzigen opdat ze een nieuw spaarproduct op de markt konden brengen. De waarde zat hem mede in het snel behalen van concurrentievoordeel op andere eventuele aanbieders. Een van de IT-dienstverleners op de shortlist

van de organisatie stelde een relatief lage offerte op. Ze konden o.a. zo goedkoop aanbieden omdat ze geen back-up hadden geregeld voor hun systeemontwikkelomgeving. De organisatie koos voor deze goedkoopste aanbieder. Toen door een overstroming de ontwikkelserver onklaar raakte moest veel werk worden overgedaan. Dat betekende dat het nieuwe spaarproduct pas later op de markt kon worden gezet, waardoor de bank veel klanten verloor. De beoogde waarde voor de klant werd te laat bereikt doordat de risico's niet voldoende waren meegenomen in de leveranciersselectie. Er zal waarschijnlijk bij het opstellen van de aanbestedingscriteria al te weinig aandacht zijn besteed aan de aspecten die hadden kunnen bijdragen aan het snel op de markt brengen van het nieuwe product.

Andere aspecten die de waarde van een dienst beïnvloeden zijn bijvoorbeeld beveiliging, de waarborging van de privacy van de gebruikers, de datakwaliteit en de mate waarin en de manier waarop gebruik wordt gemaakt van een informatiesysteem.

Voordat een nieuw informatiesysteem wordt ingevoerd of een aanpassing wordt gedaan in een informatiesysteem wordt een businesscase opgesteld, waarin de waarde van de verandering een grote rol speelt. In een businesscase wordt vastgesteld in welke mate de kosten worden gedekt door de te verwachten baten, rekening houdend met de risico's.

Definieer een waardeketen

De waardeketen van Porter, zie kader, is een strategisch model dat wordt ingezet om te achterhalen in welke primaire en ondersteunende activiteiten een organisatie haar waarde heeft zitten en waaruit het haar concurrentievoordeel kan behalen. Voor BIM is interessant welke rol informatiesystemen en -services hierin (kunnen) spelen. Door de organisatie op te splitsen in een aantal groepen van activiteiten en deze daarna tot in detail te analyseren kunnen de prestaties vastgesteld worden. Stel vast welke activiteiten en informatiesystemen en –services waarde toevoegen vanuit het oogpunt van de business en vergeet daarbij niet ook de informatieketenpartners en leveranciers te betrekken.

Porter

Michael Porter stelde in 1985 dat je, om het concurrentievoordeel te begrijpen, een bedrijf niet als geheel moet zien. Het is noodzakelijk om op systematische wijze alle activiteiten die een organisatie uitvoert, de primaire en de ondersteunende, te onderzoeken om te analyseren waar concurrentievoordeel behaald kan worden. De waardeketen toont de activiteiten en de marge. De nettowinst is het verschil tussen de totale opbrengst van de organisatie en de kosten die worden gemaakt om deze opbrengst te genereren. De marge is de nettowinst gedeeld door de totale opbrengst maal 100%.

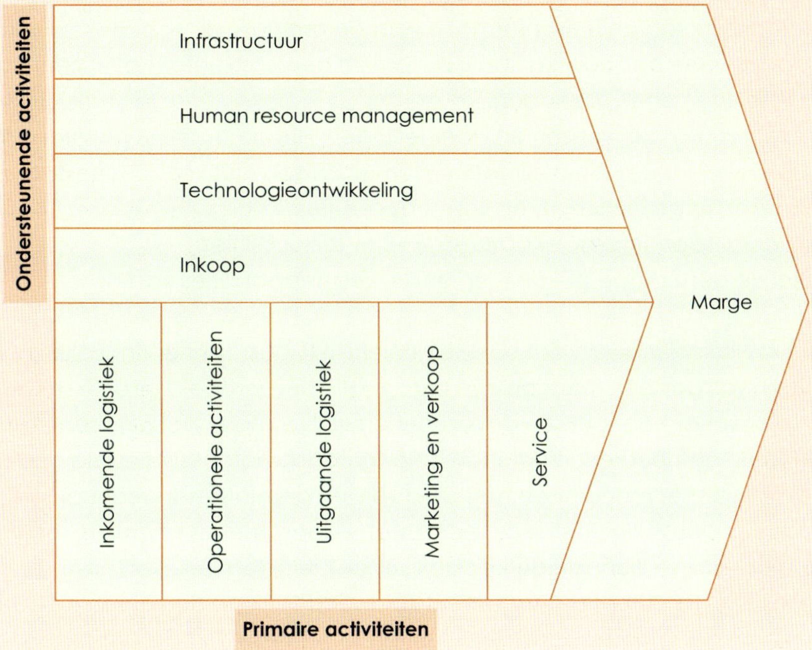

Figuur 4.2 Waardeketen van Porter

4.2.4 Capability

Op basis van de behoeften van de organisatie (*Need*), de waarde ervan voor de organisatie (*Value*) en de missie (*Mission*) van de organisatie kan worden bepaald welke capabilities (competenties, vaardigheden, middelen, kennis, etc.) nodig zijn om ervoor te zorgen dat de informatievoorziening voldoet aan de eisen.

Bij *Capability* gaat het om de BIM-capabilities (en daaraan gerelateerde middelen) waarmee de informatiesystemen en -services worden gerealiseerd en alle overige BIM-activiteiten worden uitgevoerd die nodig zijn om de missie te volgen en de doelstellingen te behalen. Deze capabilities zijn nodig voor een organisatie om ervoor te zorgen dat het geheel aan BIM-activiteiten, informatiesystemen en -services bewust wordt bestuurd, gemanaged, veranderd en uitgevoerd.
Het betreft alle capabilities - op het gebied van het opstellen van eisen aan de informatievoorziening en het besturen, definiëren, verbeteren en ondersteunen van het gebruik van de informatiesystemen en -services - die nodig zijn voor het uitvoeren van de bedrijfsactiviteiten en het bereiken van de doelstellingen van een organisatie. Het gaat om capabilities die intern beschikbaar zijn of die worden ingehuurd vanuit de buitenwereld maar intern worden gemanaged.

Ten behoeve van de invulling van de *driver Capability* kunnen de volgende activiteiten worden onderscheiden:

Stel de gewenste (IT- en BIM-)capabilities vast

Pas nadat de rol van IT en informatie voor de business-services helder is, kan worden bepaald welke capabilities nodig zijn om de gewenste informatiesystemen en-services te leveren en te managen:

- Inventariseer de wensen en doelstellingen van de business (*Business strategy*);
- Stel de behoefte aan informatiesystemen en-services vast (*Business improvement*);
- Bepaal de gewenste (IT- en BIM-)capabilities;
- Inventariseer de beschikbare (IT- en BIM-)capabilities;
- Stel de benodigde (IT-, BIM- en gebruikers-)capabilities vast.

Het lijkt wellicht vreemd dat ook de gewenste IT-capabilities (in grote lijnen) moeten worden vastgesteld. Maar als een organisatie bijvoorbeeld gebruik wil gaan maken van blockchain-concepten om op betrouwbare wijze haar juridische documenten te kunnen distribueren, is het toch belangrijk dat wordt vastgesteld of de beoogde IT-leverancier ervaring heeft met de daaraan gerelateerde technologie.

Omdat business en IT steeds meer met elkaar verweven raken moet er bij het bepalen van de benodigde capabilities ook worden gekeken naar de gebruikersorganisatie. Heeft het management voldoende kijk op de kansen en bedreigingen van IT om goed onderbouwde besluiten te nemen? Zijn de gebruikers voldoende digivaardig om met de nieuwe informatiesystemen om te gaan? Zijn zij, wanneer gebruik zal worden gemaakt van Engelstalige pakketten, voldoende taalvaardig?

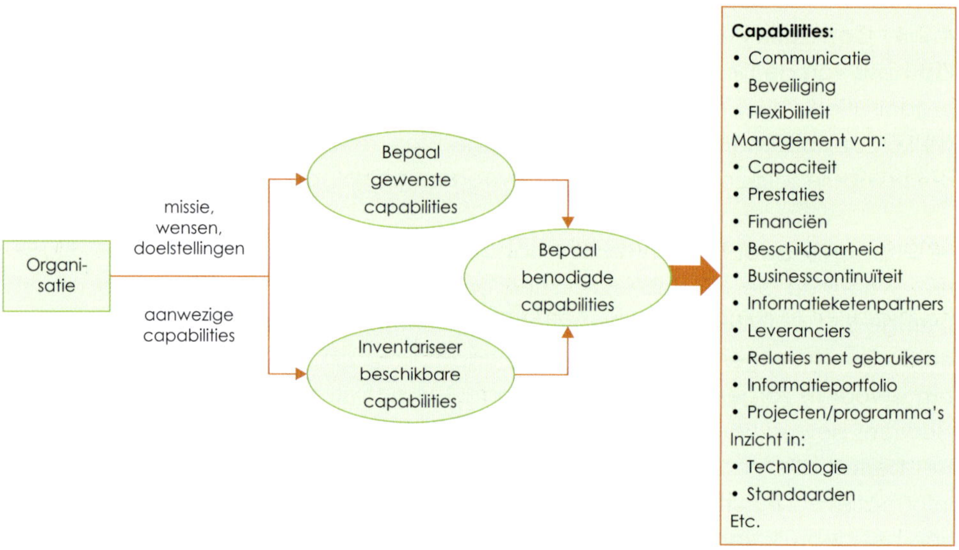

Figuur 4.3 Van missie naar capability

Zorg voor de aanwezigheid van een aantal basis-capabilities

Informatie-gerelateerde capabilities waar elke organisatie over zou moeten kunnen beschikken zijn:

- Managen van de menscapaciteit die nodig is voor het managen van de informatievoorziening;
- Managen van financiële onderwerpen:
  - Budgettering
  - IT-accounting
  - Doorberekening;
- Managen van de beschikbaarheid, vertrouwelijkheid en integriteit van de applicaties en de gegevens die de bedrijfsprocessen ondersteunen;
- Managen van business-continuïteit;
- Vertalen van veranderingen in bedrijfsactiviteiten of geconstateerde tekortkomingen in de informatiesystemen en -services naar veranderingen daarin;
- Managen van de partners in de informatieketen;
- Managen van de partners in de toeleveringsketen;
- Managen van de relaties met de gebruikers;
- Managen van de relaties met de leveranciers;
- Aansturen van de leveranciers;
- Creëren van overzicht over de technologie;
- Creëren van overzicht over de standaarden;
- Uitvoeren van informatie-portfoliomanagement;
- Toezien op de naleving van het gebruik van standaarden.

Beheer de capabilities

Wanneer een organisatie veranderingen wil doorvoeren moet worden nagegaan wat de impact van de voorgenomen veranderingen op de benodigde capabilities is. Stel vervolgens vast wat het kost om te kunnen beschikken over de beoogde capabilities en relateer dat aan het beschikbare budget. Maak indien nodig een opleidingsplan.

Omdat competenties en vaardigheden tegenwoordig snel verouderen is het zaak om met regelmaat vast te stellen welke capabilities nodig zijn en de benodigde maatregelen te nemen om die op het vereiste peil te houden.

4.2.5 Mission

In het kader van BIM gaat het bij *Mission* om het vertalen van de missie van de (gebruikers)organisatie naar de gevolgen voor de informatievoorziening. De van de missie afgeleide doelstellingen van een organisatie kunnen worden vertaald naar doelstellingen voor de informatievoorziening in termen van *Business, Data, Service* en *Technology perspectives.*

De *mission* (missie) levert een *mindset* op voor een organisatie. In een missie staat kernachtig wat een organisatie doet en voor wie, en vanuit welke normen en waarden het handelt. Een missie is altijd specifiek voor een bepaalde organisatie en daarmee herkenbaar voor alle betrokkenen. De missie van een organisatie bepaalt mede haar digitale of informatiestrategie. Hoe meer een organisatie afhankelijk is van informatiesystemen en -services hoe meer het bereiken van de missie afhankelijk is van een goede digitale strategie.

Ten behoeve van de invulling van de *driver Mission* onderscheiden we de volgende activiteiten:

Stel digitale doelstellingen op
In feite gaat het hier om het opstellen van een wensenlijst voor waar de informatievoorziening in de toekomst aan moet voldoen. Het belang hiervan is groter naarmate de business-services meer afhankelijk zijn van informatietechnologie.

- Ga uit van de missie van de organisatie;
- Als de organisatie digitale diensten levert aan haar klanten: denk mee over de digitale strategie van de organisatie;
- Ondersteun de organisatie bij het definiëren van de identiteit en de doelen van de organisatie;
- Vertaal de doelstellingen van de organisatie naar doelstellingen voor de informatiesystemen en -services;
- Bepaal de kritieke succesfactoren (CSF's) voor het behalen van de digitale doelstellingen;
- Definieer de belangrijkste performance-indicatoren (KPI's) waarmee bepaald kan worden in hoeverre de doelstellingen worden behaald.

Geef invulling aan de business-strategie
Organisaties zijn continu in beweging. De business-strategie verandert vandaag de dag vaker dan vroeger. Dat wil zeggen dat BIM voortdurend bij moet blijven om ervoor te zorgen dat de digitale doelstellingen in lijn blijven met de business-strategie en dat nieuwe IT-mogelijkheden als input kunnen dienen voor nieuwe business-strategieën. Het is aan BIM om ervoor te zorgen dat de informatiesystemen en -services dusdanig zijn dat de organisatie nieuwe uitdagingen met succes aan kan gaan.

In hoofdstuk 6 wordt nader ingegaan op de informatiestrategie, waarin de digitale doelstellingen die afgeleid zijn van de business-strategie worden vastgelegd.

4.3 PERSPECTIVES

De vier domeinen binnen BiSL (*Governance, Strategy, Improvement* en *Operation*) kunnen vanuit vier perspectieven worden beschouwd: *Business, Data, Service* en *Technology*. Deze vier invalshoeken worden hieronder nader uitgewerkt.

4.3.1 Business perspective

Het *Business perspective* beschouwt de informatievoorziening vanuit het perspectief van de bedrijfsactiviteiten en de bedrijfsonderdelen binnen de organisatie. In elk *domain* moet je vanuit elk perspectief, dus in dit geval vanuit het business perspectief, kijken naar de activiteiten.

Het *Business perspective* is van belang in alle domeinen. Binnen de domeinen *Governance* en *Strategy* wordt ervoor gezorgd dat er besturing en strategievorming plaatsvindt ten aanzien van de informatievoorziening. Dit dient te gebeuren op basis van de belangen van de bestuurders en de organisatie waarbij uitgangspunt is dat de informatiesystemen en -services in lijn zijn met de overkoepelende business-strategie.

Binnen het domein *Strategy* gaat het ook om het vanuit het *Business perspective* vertalen van het businessmodel of bedrijfsmodel (dat onder andere beschrijft hoe de bedrijfsprocessen er uitzien) naar informatiearchitectuur en data-architectuurmodellen (zie *Data perspective*). In *Strategy* wordt beschreven hoe informatiesystemen en -services eruit horen te zien en hoe de relaties zijn tussen het bedrijfsproces en de ondersteunende informatiesystemen en -services.

Het businessmodel

De functie van een businessmodel is het beter in kaart brengen van de volgende vragen:

- Wat is het aanbod aan de klant; welk voordeel bieden we als organisatie aan?
- Op welk marktsegment richt de organisatie zich?
- Hoe is de waardeketen (volgens Michael Porter) van de organisatie opgezet?

- Hoe ziet de kostenstructuur er uit, hoe gaan we verdienen met het aanbod?
- Wat is de waarde van de organisatie ten opzichte van leveranciers, afnemers, concurrenten?
- Hoe gaat de organisatie concurreren?

Bron: Wikipedia

Aandachtspunten binnen de domeinen *Improvement* en *Operation* zijn bijvoorbeeld het vanuit bedrijfsperspectief verzamelen van eisen aan de informatiesystemen en –services en het geven van feedback aan de business over de mate waarin deze voldoen aan de eisen. Dit laatste kan onder andere gedaan worden op basis van het testen van nieuwe systemen, het opstellen van documentatie en het begeleiden van de ingebruikname van een nieuw informatiesysteem (*Improvement*) en het analyseren van vragen en verstoringen die worden gemeld bij de servicedesk (*Operation*).

Vanuit het *Business perspective* onderkennen we in de vier domeinen de hieronder aangegeven onderwerpen. Deze worden in de hoofdstukken 5 tot en met 8 nader uitgewerkt.

Business governance ■ Verantwoordelijkheden en beleid ■ Governance van veranderingen in de business ■ Standaardisatiebeleid ■ Kennismanagement	**Business strategy** ■ Organisatievisie op BIM ■ Businessarchitectuur ■ Agenda van strategische thema's ■ Portfolio van verbeteringen
Business operation ■ Gebruikersondersteuning ■ Servicedesk ■ Communicatie en training ■ Autorisatie	**Business improvement** ■ Business requirements ■ Beschrijving gewenste verandering aan informatiesysteem of -service ■ Testen ■ Training en documentatie

4.3.2 Data perspective

Het bestaan en functioneren van zowel commerciële als publieke organisaties is over het algemeen erg afhankelijk van *Data:* de gegevens en de daaruit af te leiden informatie waarover de organisatie kan beschikken.

Het *Data perspective* richt zich enerzijds op de inhoudelijke eisen die door de business zijn gesteld aan de data en anderzijds op de kwaliteit van de data. Strategische besluiten over de integriteit van de data en de waarde van de informatiesystemen en -services moeten worden gezien als integraal onderdeel van strategische besluiten over de bedrijfsvoering van de gehele organisatie.

Het ontwikkelen van beleid ten aanzien van het verkrijgen, opslaan, ophalen, verwerken, archiveren en vernietigen van informatie en gegevens (binnen de voorschriften van het overkoepelende bedrijfsbeleid over bijvoorbeeld privacy, beveiliging en regelgeving) is een van de activiteiten vanuit het *Data perspective*. Ook beveiliging en privacy van gegevens zijn onderwerpen binnen dit perspectief.

Hedendaagse organisaties moeten kunnen rekenen op de juistheid van hun data en informatie om te kunnen blijven bestaan en om hun bedrijfsactiviteiten uit te kunnen oefenen. In menig onderdeel van de publieke sector, zoals uitvoeringsinstanties als RIVM, CBS, UWV en DUO, is het op de een of andere manier verwerken van data een primaire bedrijfsactiviteit, die wordt uitgevoerd door de meeste medewerkers gedurende het grootste deel van hun dag. BIM is in deze organisatorische eenheden een kerndiscipline.

Voorbeeld uit de praktijk
Een veelgebruikte app brengt de routes in kaart die hardlopers afleggen en slaat ze op. Gebruikers delen deze routes met anderen. De gegevens werden door de leverancier verzameld en openbaar gemaakt. Zo kon je zien waar veel mensen sporten. Alleen werd hierdoor ook onbedoeld informatie openbaar over de (uiterst geheime) locatie waar militairen, die de app privé gebruikten, patrouilleren en trainen.

Naast dat de data correct moeten zijn hebben data ook een strategische waarde. Als een organisatie de gegevens van klanten met een slim algoritme combineert kunnen ze tips geven over boeken, films etc. die de klant mogelijk interessant vindt (mits deze daar toestemming voor heeft gegeven) waardoor deze wellicht sneller geneigd is om zo'n boek te kopen.

Het *Data perspective* is van grote betekenis binnen het domein *Strategy*. Het opstellen van adequate plannen kan alleen gebeuren op basis van betrouwbare data. Zijn de gebruikte gegevens niet juist, dan komen zowel *Improvement* als *Operation*, dus de dagelijkse uitvoering, in gevaar. De datakwaliteit is een aandachtspunt voor met name het domein *Operation*. Het up-to-date houden van de voor de informatievoorziening gebruikte datamodellen - goede structuur, goede definities, etc. - valt onder de scope van het domein *Improvement*.

Ook kunnen KPI's (key performance indicatoren) worden vastgesteld die meten of de business is verbeterd door de invoering van een informatiesysteem, zie ook paragrafen 6.3.1 en 8.3.1.

In paragraaf 4.5 gaan we dieper in op data en datakwaliteit.

Vanuit het *Data perspective* onderkennen we in de vier domeinen de hieronder aangegeven onderwerpen. Deze worden in de hoofdstukken 5 tot en met 8 nader uitgewerkt.

Data governance ■ Beleid voor gegevensuitwisseling ■ Data governance-comité ■ Beleid voor master data management ■ Identiteits- en toegangsbeleid	**Data strategy** ■ Data-architectuur ■ Data-lifecycle ■ Modellen voor Key performance indicatoren ■ Master data management en modellen
Data operation ■ Master data management ■ Kwaliteitsplannen ■ Datakwaliteit ■ Beheer van de gegevensomgeving	**Data improvement** ■ Data requirements ■ Data-omgeving van de organisatie ■ Kosten van data- en informatiekwaliteit ■ Geautomatiseerde en niet-geautomatiseerde informatie

4.3.3 Service perspective

Het *Service perspective* draait om de ontwikkeling of verwerving van nieuwe of verbeterde dienstverlening rondom de informatiesystemen.

Het *Service perspective* speelt binnen de domeinen *Governance* en *Strategy* een relevante rol. Er moeten beleid en strategie worden gedefinieerd rondom de van IT af te nemen en aan de business aan te bieden diensten. Informatieservices moeten worden uitgevoerd conform beleid en strategische intenties en de onderwerpen 'gewenste kwaliteit van de diensten' en 'bruikbaarheid van de diensten' worden binnen deze domeinen onder de loep genomen.

Het domein *Governance* in BIM is niet alleen verantwoordelijk voor een effectieve vertaling van bedrijfsbeleid en bedrijfsprocessen naar de gewenste informatiesystemen, maar ook naar informatieservices die daaromheen worden aangeboden aan de organisatie. Dit is een eerste stap voor invulling van het *Service perspective*. Denk bijvoorbeeld aan de keuze wat de organisatie zelf doet en wat men uitbesteedt, sourcing-beleid e.d.

Binnen het domein *Strategy* zorgt het *Service perspective* ervoor dat activiteiten worden gepland en uitgevoerd die ervoor moeten zorgen dat niet alleen de doelstellingen van IT worden gehaald maar juist die van BIM en de business. De mate waarin de bedrijfsprocessen worden ondersteund door en de tevredenheid van gebruikers over de informatieservices zijn in sterke mate afhankelijk van de kwaliteit van de applicaties. Daarom is aandacht op strategisch niveau voor de te gebruiken applicaties onontbeerlijk.

Binnen het domein *Improvement* richt het *Service perspective* zich op het verbeteren van de dienstverlening door IT en BIM en het waarborgen dat nieuwe of verbeterde diensten geschikt zijn voor gebruik. Als dit niet goed gebeurt ontstaan er veel problemen tijdens *Operation*, met als gevolg een grote hoeveelheid wijzigingsverzoeken. Er is een nauwe relatie met het *Business perspective* waar vanuit de nieuwe services moeten worden gedefinieerd.

Binnen het domein *Operation* richt het *Service perspective* zich onder andere op de dagelijkse aansturing van IT in de vorm van het monitoren en meten van de verleende diensten waarbij wordt nagegaan hoe de prestaties zich verhouden tot de afspraken in de contracten. Er wordt hierbij gekeken naar de kwaliteit van de diensten en naar de geschiktheid ervan voor het beoogde doel.

Vanuit het *Service perspective* onderkennen we in de vier domeinen de hieronder aangegeven onderwerpen. Deze worden in de hoofdstukken 5 tot en met 8 nader uitgewerkt.

Service governance ■ Externe relaties op het hoogste managementniveau ■ Sourcing-beleid ■ Beleid voor de dienstenportfolio ■ Integratie van diensten	**Service strategy** ■ Management van de dienstenportfolio ■ Sourcing-strategie ■ Eisen aan informatieservices ■ Service-integratie
Service operation ■ Procedures voor service-ondersteuning door BIM ■ Meten dienstverlening ■ Bewaken IT-dienstverlening ■ Operationele IT-aansturing	**Service improvement** ■ Serviceorganisatie ■ Service requirements ■ Service-assemblage ■ Servicevalidatie

4.3.4 Technology perspective

Technologie zit in de kern van elk modern bedrijf. In de 21[ste] eeuw is IT cruciaal voor de meeste private en publieke organisaties voor het leveren en aanbieden van hun producten en diensten aan hun klanten en voor het ondersteunen van de dienstverlening. Bijna alles is tegenwoordig digitaal.

Het *Technology perspective* is zeer relevant voor *Governance* en *Strategy*. Want hier wordt bepaald met welke technologieën zal worden gewerkt. Als de technologie eenmaal is uitgekozen en ingericht, moeten *Improvement* en *Operation* het doen met de door het management gemaakte keuzes. Wanneer een organisatie kans ziet om gebruik te gaan maken van nieuwe technologieën moet de directie eerst (laten) beoordelen of deze passen in de strategie van de organisatie.

Binnen *Governance* en *Strategy* werd van oudsher slechts beperkt aandacht besteed aan het *Technology perspective*, want technologie werd vooral ingezet bij de dagelijkse ondersteuning in *Operation*. Het *Technology perspective* richtte zich daarom met name op de uitvoering van besturende en strategische principes en niet op de besturing en strategie zelf. Vandaag de dag echter is in veel bedrijven de rol van IT veranderd van het faciliteren van bedrijfsprocessen naar het onlosmakelijk deel uitmaken van de bedrijfsprocessen en de business-services. Het is cruciaal dat de besluiten van de organisatie (*Governance*) over de informatievoorziening in lijn zijn met de business-strategie. Dit is natuurlijk nog meer van toepassing wanneer de organisatie plannen heeft voor levering van elektronische of digitale diensten of van andere innovatieve manieren voor het bereiken van de bedrijfsdoelen.

Elektronische of digitale diensten

Onder elektronische of digitale diensten verstaan we: diensten die via internet of een elektronisch netwerk worden verleend, wegens hun aard grotendeels zijn geautomatiseerd, slechts in geringe mate menselijk ingrijpen vergen en zonder informatietechnologie niet kunnen worden verricht. Denk bijvoorbeeld aan online gaming, downloaden van films, muziek, games en e-books, hosting van websites en online cursussen.

Bron: Btw Richtlijn 2006/112/EG

Strategy moet aandacht besteden aan de technologie van morgen, en kan dat onder andere doen op basis van de prestaties van de technologie die vandaag in gebruik is. Vanuit *Operation* komt de hiervoor benodigde informatie. In de 21ste eeuw is de meeste informatie-uitwisseling digitaal. Er moet echter rekening worden gehouden met de zeer uiteenlopende behoeften die ontstaan door de enorme diversiteit aan gebruikers. Wat voor de een werkt, werkt voor de ander niet. Maar je wilt niemand buitensluiten door de manier waarop je de technologie inzet. Sommige bevolkingsgroepen zijn nou eenmaal afhankelijk van informatie-uitwisseling op papier of via audio.

Voorbeeld uit de praktijk

Toen de Belastingdienst in 2016 de blauwe envelop wilde afschaffen en wilde vervangen door uitsluitend digitaal verkeer kwamen er duizenden klachten binnen. 50.000 mensen hadden destijds nog geen internet, en daarnaast zijn er miljoenen laaggeletterden in Nederland. De ombudsman heeft aangegeven dat de digitale postbus moest worden gezien als 'extra service'. Pas als er voldoende vangnetten zijn voor de digitaal minder vaardigen mag de blauwe envelop worden afgeschaft.

Het *Technology perspective* beschouwt alle technologie die deel uitmaakt van de informatiesystemen. Het gaat over technologische innovatie en over nieuwe manieren om diensten te leveren, waardoor de rol van IT steeds meer centraal staat. Het omvat dus ook de keuze tussen de bouw of aanschaf van applicaties (maatwerk of pakketten zoals standaard, ERP, SaaS, etc.) en van hardware (al dan niet IaaS[4]). Nieuwe manieren van het leveren van diensten maken de rol van IT nog crucialer. Al geruime tijd is IT van cruciaal belang bij het helpen van de business om efficiënter te zijn; de technologische vernieuwingen van nu zorgen ervoor dat dat nog effectiever kan.

Vanuit het *Technology perspective* onderkennen we in de vier domeinen de hieronder aangegeven onderwerpen. Deze worden in de hoofdstukken 5 tot en met 8 nader uitgewerkt.

Technology governance ■ Technologiebeleid ■ Richtlijnen voor aan technologie gerelateerde onderwerpen ■ Gedeelde technologie ■ Door technologie gestuurde verandering	**Technology strategy** ■ Belang van technologiestrategie ■ Integratie van technologie ■ IT-infrastructuur ■ Gezamenlijke aanbestedingen
Technology operation ■ Beschikbaarheid ■ Informatieketenpartner-liaison bij incidenten ■ IT-leveranciers ■ Incidentmanagement	**Technology improvement** ■ Uitrol ■ Niet-functionele eisen ■ Testen ■ Technologiebewaking

4.4 STURING

Alle activiteiten die worden uitgevoerd om de informatievoorziening op het gewenste peil te houden moeten worden gemanaged. Zowel het dagelijks beheer als de activiteiten gericht op aanpassingen. Zowel strategische activiteiten als projecten. Daar gaat deze paragraaf over.

Op basis van de vastgestelde behoeften (*Need*) van de organisatie, de verwachte en gewenste waarde (*Value*) daarvan en de aansluiting daarvan bij de missie van de organisatie (*Mission*) wordt vastgesteld welke informatiesystemen en -services gewenst zijn en worden de daartoe benodigde capabilities (*Capability*) in kaart gebracht. Ook op deze capabilities moet worden gestuurd.

Sturing op de informatievoorziening kan plaatsvinden op diverse niveaus:

- De hele organisatie: hier let men op de samenhang tussen alle bedrijfsprocessen en de consequenties daarvan voor de informatiesystemen en -services;
- De businessunit: dit komt voor bij relatief zelfstandige businessunits die weinig informatie-uitwisseling hebben met andere onderdelen van de organisatie;

4 SaaS en IaaS worden behandeld in paragraaf 9.5

- Het bedrijfsproces of de business-service: hier bestuurt men het deel van de informatievoorziening dat ondersteunend is aan dit proces of deze service;
- Het informatiesysteem: een bedrijfsproces of een business-service wordt vaak ondersteund door meerdere informatiesystemen. Hier speelt men in op de specifieke behoeften van gebruikers die met een bepaald informatiesysteem werken.

Wanneer besloten is om van bepaalde informatieservices gebruik te blijven of te gaan maken, om bepaalde informatiesystemen te blijven gebruiken (*Operation*), aan te schaffen of aan te (laten) passen (*Improvement*) moeten de daartoe benodigde activiteiten worden aangestuurd. Het besluit om gebruik te maken van een bepaald informatiesysteem of een bepaalde informatieservice moet, zoals al eerder gememoreerd, vooral gebaseerd zijn op de toegevoegde waarde ervan (*Value*). Bij het managen van de informatievoorziening stuurt een organisatie op vier aspecten:

- Kwaliteit van de ondersteuning van de bedrijfsprocessen; dit wordt vertaald naar de inhoud en de functionaliteit (wat en waarom);
- Tijd en menscapaciteit (wie en wanneer);
- Kosten en baten (hoeveel);
- Afspraken over de levering (hoe en wanneer).

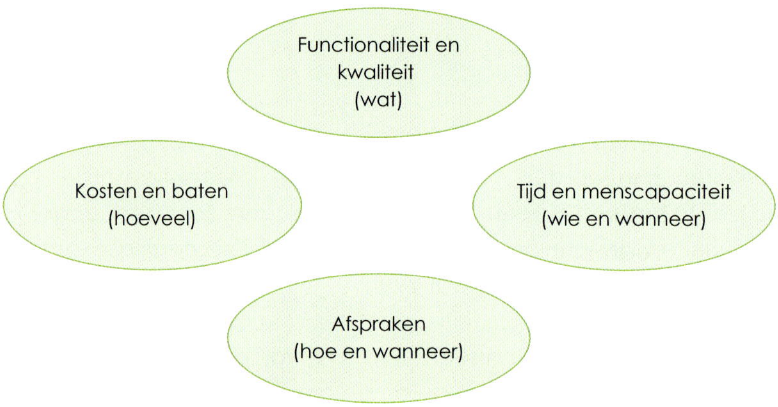

Figuur 4.4 Aspecten van sturing

Eisen kunnen worden gesteld aan

- de kwaliteit;
- het belang van tijdig beschikbaar zijn van een nieuwe dienst;
- de inzetbaarheid van de medewerkers;
- wat een informatiesysteem of informatieservice mag kosten;
- de details binnen de contracten.

Vanzelfsprekend hangen deze eisen af van het belang ervan voor de organisatie.

Inhoud en functionaliteit

Need is de belangrijkste driver. Vanuit de behoeften van de organisatie wordt bepaald wat de eisen zijn aan de ondersteunende informatiesystemen en -services. Het gaat hier om eisen aan de kwaliteit van de informatiesystemen en -services die op hun beurt weer beïnvloeden welke activiteiten geautomatiseerd moeten worden uitgevoerd en welke bedrijfsactiviteiten geen ondersteuning door geautomatiseerde informatiesystemen behoeven. De benodigde functionaliteit wordt bepaald en de eisen aan de data en de technologie worden opgesteld. Niet alleen wordt hierbij aandacht besteed aan het bepalen van de eisen en de rol van de geautomatiseerde informatiesystemen, maar ook aan de rol van de eigen BIM-organisatie bij het vervullen van deze eisen.

BIM heeft ook als taak het opstellen van algemene richtlijnen voor modelleerstandaarden, architectuurstandaarden, naamgevingsconventies voor gegevens, definities van masterdata en metadata en overzichten van te gebruiken frameworks en rapportagesjablonen. Deze 'eisen' vanuit BIM moeten aantoonbaar waarde (*Value*) toevoegen voor de gebruikers ervan omdat ze anders, als het even kan, worden omzeild.

Tijd en menscapaciteit

Voor het ondersteunen van gebruikers, het beheren van de bestaande informatiesystemen, het nadenken over beleid en strategie en het doorvoeren van veranderingen in de informatiesystemen en –services zijn mensen nodig. De inzet van deze mensen moet worden gepland en bewaakt. Het moet helder zijn hoeveel en welke menscapaciteit wanneer nodig is. Hiervoor is het nodig dat alle activiteiten zijn gepland, zowel de dagelijkse (op welke tijden moet iemand bereikbaar zijn voor het geven van ondersteuning aan de gebruikers) als de niet-dagelijkse (wanneer moet het nieuwe informatiesysteem in gebruik worden genomen, wanneer moet het eisenpakket aan een nieuw softwarepakket helder zijn). Ook het plannen en bewaken van deze tijdslijnen is een aspect van sturing binnen BIM.
De inzet in termen van mensen en kennis is nauw verbonden met de driver *Capability*. Bij het plannen van tijd en menscapaciteit gaat het niet alleen over de inzet van BIM, maar ook over de inzet van gebruikers (bijvoorbeeld voor een acceptatietest) en IT en de afstemming van de tijdslijnen tussen de verschillende disciplines (wanneer levert IT iets op wat door gebruikers getest kan worden).

Kosten en baten

De sturing van BIM op kosten en baten betreft meerdere niveaus. Het gaat om de kosten die nodig zijn voor de totale informatievoorziening van de organisatie, de kosten per informatiedomein, de kosten voor de informatie-gerelateerde activiteiten binnen de gebruikersorganisatie, de kosten voor de BIM-activiteiten en de kosten voor de IT-dienstverlening. Wanneer informatieservices worden ingekocht vindt sturing op de door de leverancier in rekening te brengen kosten wel plaats op het uiteindelijk te betalen bedrag en op de wijze waarop het bedrag is opgebouwd. Omdat er steeds meer wordt gewerkt met variabele kostenmodellen, bijvoorbeeld in verband met clouddiensten, is inzicht in het kostenmodel nodig. Maar BIM stuurt niet op de wijze waarop de kosten van de IT-dienstverlener tot stand komen. Denk daarbij bijvoorbeeld aan wie wanneer wordt ingezet op welke activiteit, BIM stuurt dus niet op de kosten/baten en efficiency van de IT-dienstverlener.

Er moet voor worden gezorgd dat informatiesystemen en -services hun geld waard zijn en dat de investeringen verantwoord zijn. Een belangrijk aspect hierbij zijn de baten van de inzet van de informatiesystemen en -services voor de bedrijfsvoering van de organisatie (*Value*). Het gaat hierbij zowel om financiële baten als om niet-financiële baten zoals een kortere time-to-market voor een nieuw product of een beter imago bij de potentiële afnemers.

Afspraken
De sturing op de aspecten 'tijd', 'geld' en 'kwaliteit' vertaalt zich naar afspraken die gemaakt worden met de leveranciers van informatieservices. Deze afspraken worden vastgelegd, eventueel in contracten en/of service level agreements (SLA's). Het managen van contracten, service levels en overige afspraken richt zich primair op het maken van afspraken over de door IT-leveranciers te leveren informatieservices en het bewaken van deze afspraken. In de hoofdstukken 5 tot en met 8 wordt vanuit het perspectief *Services* nader ingegaan op dit aspect.

Genoemde vier aspecten van sturing hebben nauwe relaties met elkaar. Als een opleverdatum, bijvoorbeeld voor het aanleveren van requirements of een ad-hocrapportage, niet gehaald

Requirements
Requirements zijn eisen die worden gesteld aan het gedrag of de kwaliteit van een informatiesysteem om te voorzien in behoeften van belanghebbenden uit de business.

dreigt te worden kun je meer mensen inzetten, andere mensen inzetten, personeel inhuren (hetgeen grotere financiële consequenties heeft), minder eisen stellen aan de kwaliteit, de afspraken over de datum veranderen, etc. Daarom is integrale sturing van de BIM-activiteiten en de overige informatieservices op al deze aspecten van belang. Regelmatig overleg tussen degenen die inhoudelijk verantwoordelijk zijn voor de planning, de inzet van medewerkers, de financiën, de kwaliteit en de contracten is daarbij onontbeerlijk.

De sturingscyclus
De cyclus van sturing op de informatie-gerelateerde activiteiten bestaat uit drie onderdelen, zie figuur 4.5. Een en ander start met het opstellen van jaarplannen,

gebaseerd op het beleid van de organisatie, waarin de behoeften voor het komende jaar worden vastgelegd. Hierop is ingegaan in paragraaf 4.4.1. Binnen de kaders van deze plannen, beleid en strategie zijn ook op operationeel niveau de drie elementen te herkennen:

1. Plannen: vaststellen welke activiteiten wanneer door wie uitgevoerd moeten worden en wat de gewenste resultaten zijn;
2. Controleren: bewaken van de gewenste resultaten en nemen van maatregelen;
3. Evalueren: evalueren van de uitvoering en opstellen van verbeteringsvoorstellen.

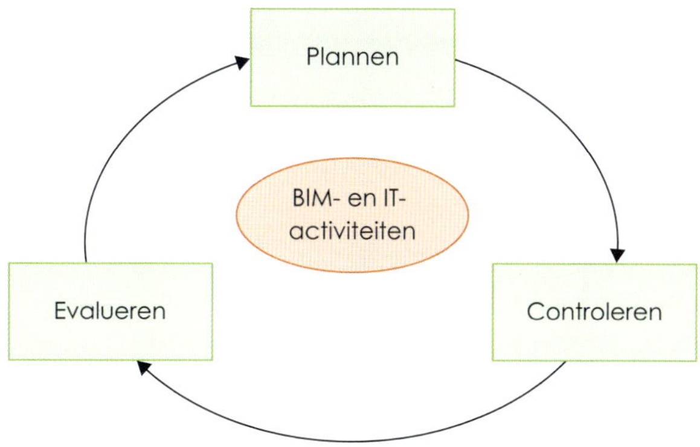

Figuur 4.5 Sturingscyclus

> **Aandachtspunt**
> De sturingscyclus moet niet worden verward met de Deming-cyclus: plan, do, check, act. De Deming-cyclus is een model voor continue kwaliteitsverbetering en heeft dus een ander doel.
> In de sturingscyclus hoort de 'do' niet thuis omdat je stuurt op de uitvoering van reguliere taken.
> In de Deming-cyclus is de 'do' het uitvoeren van het verbeterplan.

Sturingsactiviteiten

Plannen, controleren en evalueren vindt plaats ten aanzien van alle aspecten van sturing. Dit leidt tot een groot scala aan sturingsactiviteiten waaronder de hieronder genoemde. Activiteiten rondom het aspect afspraken worden behandeld in de hoofdstukken 7 en 8 bij het perspectief *Services*.

Plannen

- Bepalen en inplannen van noodzakelijke menscapaciteit voor dagelijkse activiteiten (*Operation*) en ten behoeve van veranderingen (*Improvement* en *Strategy*);
- Bepalen van de benodigde tijdslijnen (zoals opleverdata van eind- en tussenproducten);
- Allocatie van capaciteit ten behoeve van dagelijks werk en van veranderingen;
- Bepalen van de te verwachten kosten van de informatiesystemen en -services;

- Bepalen en inplannen van benodigde budgetten;
- Bepalen van de verwachte baten;
- Allocatie van financiële middelen;
- Definiëren van de gewenste kwaliteit van de informatiesystemen en -services op basis van de behoefte;
- Definiëren van de gewenste kwaliteit van de ondersteuning van de informatievoorziening;
- Bepalen kwaliteitsstandaarden waaraan data, documenten, requirements, processen, werkwijze, etc. moeten voldoen;
- Onderkennen van risico's en te nemen maatregelen.

Controleren

- Controleren van beschikbaarheid van medewerkers;
- Bewaken van bestede uren;
- Bewaken van de voortgang/tijdslijnen;
- Volgen van de kosten en de budgetuitputting;
- Bijstellen van de budgetten;
- Bewaken van de resultaten van veranderingstrajecten;
- Bewaken van de kwaliteit van de informatiesystemen en -services;
- Bewaken van de kwaliteit van veranderingen.

Evalueren

- Evalueren van de planningen versus de realisatie voor wat betreft tijd en geld;
- Evalueren van de baten;
- Evalueren van onderlinge aansluiting tussen de informatievoorziening en de bedrijfsprocessen;
- Evalueren van de werking van de informatiesystemen;
- Evalueren van het gebruik van de applicaties en de infrastructuur door de gebruikers;
- Evalueren van de informatie-uitwisseling met andere organisaties;
- Evalueren van het functioneren van de BIM-organisatie en BIM-activiteiten (bijvoorbeeld op basis van acceptatietestresultaten);
- Vaststellen van de uiteindelijk gerealiseerde kwaliteit van de informatie, de informatiesystemen en de informatieservices;
- Onderkennen van problemen;
- Vastleggen van afwijkingen en initiëren van maatregelen (definiëren verbeteracties).

4.5 DATA EN DATAKWALITEIT

Zoals aangegeven in paragraaf 4.3.2 richt het *Data perspective* zich enerzijds op de inhoudelijke eisen die de business stelt aan de data (gegevens) die in de organisatie worden gebruikt en anderzijds op de kwaliteit van deze data. In deze paragraaf gaan we dieper in op het onderwerp data om als basis te dienen voor de volgende hoofdstukken.

4.5.1 Soorten gegevens

In elke organisatie zijn gegevens die door de gehele organisatie gebruikt worden en die relaties hebben met veel andere gegevens in de organisatie. Voorbeelden zijn gegevens over klanten, artikelen en producten. Deze kerngegevens van een organisatie met de onderlinge relaties daartussen worden *masterdata* genoemd. Ook stuurparameters en generieke waarden zoals BTW-percentages of tariefstaffels vallen hieronder. Laatstgenoemde gegevens worden *control data* of *stuurgegevens* genoemd.

Daarnaast kennen we ook *referentiedata*. Referentiedata zijn voorgedefinieerde of toegestane waarden (uit een tabel) voor bepaalde gegevenselementen, bijvoorbeeld productsoortcodes. Dit kunnen definities zijn van de organisatie, maar ook definities die over organisaties heen zijn opgesteld, soms ook internationaal, zoals landcodes (vastgelegd in ISO 3166-1). Soms worden referentiedata ook geschaard onder masterdata.

Masterdata wijzigen relatief weinig. Dit in tegenstelling tot de meer transactionele gegevens zoals bestellingen, journaalposten en uren. Masterdata worden op meerdere afdelingen gebruikt en komen vaak in meerdere informatiesystemen voor. Hierdoor ontstaat een risico op uiteenlopen van de inhoud van de gegevens. Als de afdeling Verkoop een adreswijziging krijgt van een klant en dit niet doorgeeft aan de distributieafdeling of de boekhouding dan krijgt de klant mogelijk zijn volgende bestelling niet of kan er geen factuur gestuurd worden als de gegevens niet aan elkaar zijn gerelateerd.

Een verschil tussen referentie- en control data enerzijds en de overige masterdata anderzijds is dat een verandering van referentie- of control data ook een verandering in een bedrijfsproces kan betekenen: bijvoorbeeld de invoering van een hele nieuwe productlijn. Invoering van bijvoorbeeld een nieuwe klant of een opname bij een patiënt is onderdeel van het reguliere bedrijfsproces.

Toelichting op metadata en masterdata

Metagegevens van een klant beschrijven de attributen van de entiteit klant, oftewel welke karakteristieken van een klant worden bijgehouden (zoals NAW-gegevens, geboortedatum, geslacht, etc.), het datatype (integer, boolean, etc.), het formaat van de attributen (numeriek, alfanumeriek, etc.), welke programma's de data produceren en/of gebruiken, etc. De metadata zeggen dus niets over de inhoud van de data. Masterdata zijn echte bedrijfsgegevens.

> Masterdata van een klant bestaan uit een lijst met echte klanten en de bekende gegevens over deze klanten.

Naast masterdata kennen we ook *metadata*. Metadata (metagegevens) zijn gegevens over gegevens. Ze beschrijven dus gegevens, maar het zijn geen echte bedrijfsgegevens.

Master data management (MDM) zorgt voor een consistente set van deze basisgegevens. Dat kan geautomatiseerd gebeuren, bijvoorbeeld met een centrale database van waaruit de overige systemen gegevens kunnen ophalen. Maar het kan ook via procedures lopen, bijvoorbeeld de afspraak dat alle mutaties op basisgegevens centraal door een afdeling beheer worden doorgevoerd. Hoe het gebeurt maakt niet uit, de basisgegevens moeten consistent zijn en blijven, ook om financiële of imagoschade te voorkomen.

Het zal duidelijk zijn dat MDM een onderwerp is waar in alle domeinen aandacht aan wordt besteed onder het perspectief *Data*. In *Governance* wordt beleid geformuleerd, in *Strategy* worden plannen opgesteld om dit beleid vorm te geven, in *Improvement* worden de afspraken, procedures en eventuele systeemaanpassingen gedefinieerd en daadwerkelijk geïmplementeerd en in *Operation* wordt gemonitord of de data goed worden beheerd.

Naast masterdata, metadata en stuurgegevens is er sprake van nog meer soorten data. Deze overige data kunnen indien gewenst weer worden onderverdeeld in onder andere:

- Transactionele data
  - data ingevoerd door gebruikers of klanten in de informatiesystemen: bijvoorbeeld het aantal van een artikel dat men wil bestellen;
  - data gegenereerd door de systemen: te betalen bedrag voor de bestelling, transactiedata;
- Statistische data
  - data over een bepaald onderwerp gebaseerd op een representatieve steekproef;
- Event data
  - data verzameld door apparaten: logfiles, verbruiksgegevens energie via een slimme meter, etc.
- Performance data
  - data gerelateerd aan de verwachte prestaties van een proces of een informatiesysteem.

De data die zijn ingevoerd door gebruikers (inclusief klanten) of verkregen via interfaces met informatieketenpartners of verzameld door apparaten worden ook wel de bedrijfsgegevens genoemd.

Big data is niet een afzonderlijk type gegevens. Big data verwijst naar de mogelijkheden om gebruik te maken van de steeds toenemende hoeveelheid data en deze te analyseren. Big data wordt gespecificeerd door onder andere:

- *Volume*: organisaties krijgen de beschikking over steeds meer data uit zowel interne als externe bronnen (zoals social media);
- *Variëteit:* de data kunnen gestructureerd of niet-gestructureerd zijn, ze kunnen afkomstig zijn uit heel verschillende bronnen als video, audio, e-mail, digitale kranten en social media;
- *Snelheid (Velocity):* data kunnen met grote snelheid worden gegenereerd en gegevens, trends, moeten ook met steeds meer snelheid verwerkt kunnen worden. Ook is snel kunnen ingrijpen bij bijvoorbeeld fraude van belang.
- *Waarheidsgetrouwheid (Veracity)*: data uit verschillende bronnen worden met elkaar gecombineerd, waarbij de betekenis en de kwaliteit van de data kunnen verschillen van elkaar. Dankzij big data-technologieën is het mogelijk om hier toch betrouwbaardere informatie uit te genereren.
- *Waarde (Value):* Ook bij het gebruik maken van Big data heeft het pas zin als je echt waarde uit de grote hoeveelheden data kunt halen. Dat kan bijvoorbeeld met behulp van datamining of *predictive analytics* (voorspellende analyse).

De focus van organisaties ligt tegenwoordig vanzelfsprekend op 'digitale' gegevens. Deze worden ook wel *gestructureerde gegevens* genoemd. Maar niet alle gegevens waar een organisatie gebruik van maakt zijn digitaal opgeslagen. Voorbeelden van *niet-gestructureerde gegevens* zijn brieven, formulieren, handleidingen, video, audio en papieren dossiers. Deze documenten kunnen weliswaar elektronisch worden opgeslagen (bijvoorbeeld na inscannen), maar voor de verdere bewerking of interpretatie is altijd de tussenkomst van een mens noodzakelijk. Ook deze data kunnen van onschatbare waarde voor een organisatie zijn en moeten dus ook goed worden beheerd.

Datamanagement

Datamanagement is, kort samengevat, het creëren, opslaan, onderhouden, actualiseren, beschikbaar maken, beveiligen, archiveren en langdurig bewaren van data. Bij het managen van data moet aan een groot aantal onderwerpen aandacht worden besteed. Deze zijn samengebracht en uitgewerkt in een internationaal gebruikt raamwerk: het DAMA-DMBOK-model, dat is uitgebeeld in figuur 4.6. Ook in dit model is het uitgangspunt governance, net als in BiSL.

4.5.2 Datakwaliteit

Belang van gegevens

Data (gegevens) vormen voor de meeste organisaties de basis voor de bedrijfsprocessen. Data zijn nodig op alle niveaus van de organisatie: als input voor beleid, strategie en aansturing van de organisatie, voor het afleggen van verantwoording over bedrijfsactiviteiten, en als belangrijkste bestanddeel van de bedrijfsprocessen.

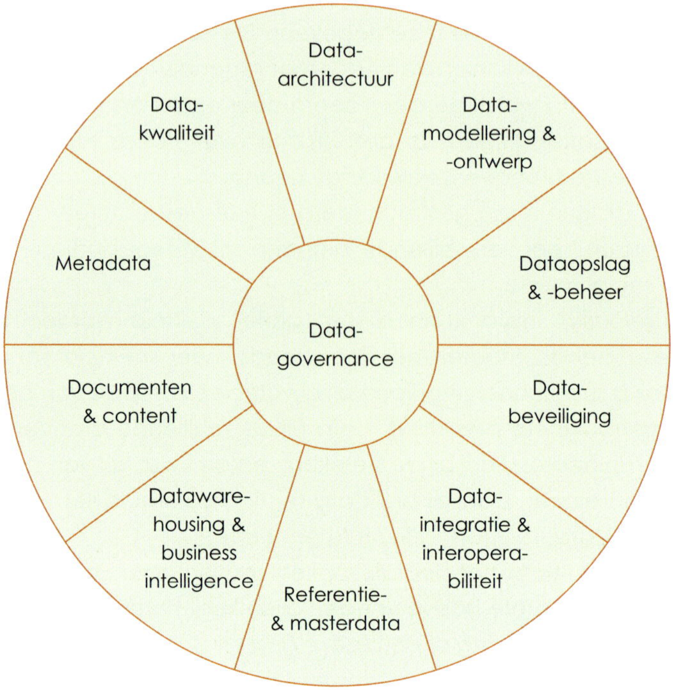

Figuur 4.6 Het DAMA-DMBOK-model voor datamanagement (bron: DAMA international).

Als je niet weet wie je klanten zijn, wie je medewerkers zijn, hoeveel producten je hebt verkocht, of de salarisberekeningen goed zijn gedaan, de verzekeringspremies goed zijn berekend, etc. kun je de organisatie niet goed leiden en je klanten niet goed bedienen. Omdat data cruciaal zijn, zijn de kwaliteit van de data en de snelheid waarmee de data geleverd worden van essentieel belang. Uiteraard naast de algehele kwaliteit van de producten en de informatieservices.

Het bewaken en controleren van de datakwaliteit vond vroeger handmatig plaats, maar tegenwoordig worden controles vaak ingebouwd in de geautomatiseerde systemen. Deze voeren bijvoorbeeld geautomatiseerde invoercontroles uit en dwingen bepaalde formats af (vier cijfers en twee letters voor de postcode plus voorkomend in de landelijke postcodetabel).
Ondanks deze controles is de kwaliteit van de bedrijfsgegevens sterk afhankelijk van de accuratesse van degene die ze invoert (is het huisnummer correct overgenomen). De medewerkers in de bedrijfsprocessen hebben dus veel verantwoordelijkheid bij het invoeren en muteren van data in de geautomatiseerde systemen. Daarom kunnen periodiek specifieke applicaties worden ingezet om de data in de databases te beoordelen.

Het digitaliseren van werkprocessen en interfaces tussen informatiesystemen kan een rol spelen bij het voorkómen van onjuiste gegevens in de databestanden, doordat de menselijke factor kleiner wordt.

Meerdere 'partijen' spelen een rol in de datakwaliteit:

- vertegenwoordigers van het bedrijfsproces formuleren eisen aan de datakwaliteit en beslissen erover;
- externe stakeholders stellen eisen aan het kwaliteitsniveau van de data die zij ontvangen van de organisatie en kunnen data aanleveren, die moeten voldoen aan de kwaliteitseisen van de organisatie;
- BIM bewaakt, toetst en rapporteert over de datakwaliteit;
- maatregelen om de datakwaliteit te verhogen kunnen worden genomen door IT (aanpassen systeemcontroles), het bedrijfsproces (discipline, procedures, correctie) en/of BIM (correctie).

Voorbeeld uit de praktijk

Verschillende gebruikers kunnen verschillende eisen stellen aan de data die ze gebruiken, Bijvoorbeeld in een ziekenhuis: de verpleegafdeling stelt wellicht andere eisen aan de patiëntgegevens dan de behandelend arts, de apotheek, de administratie of de zorgverzekeraar. Dat betekent dat er iemand moet zijn die ervoor zorgt dat deze eisen worden verzameld, ze bundelt en er een besluit over neemt: de gegevenseigenaar, één van de rollen binnen het BIM-domein, typisch ingevuld door iemand vanuit de business.

Kwaliteitscriteria

Onder datakwaliteit wordt verstaan: de mate waarin gegevens geschikt zijn voor het doel waarvoor ze gebruikt worden. In een bedrijfsinformatiemodel wordt vastgelegd welke objecten en gegevens door de organisatie gehanteerd en vastgelegd worden. Zowel de gestructureerde als de niet-gestructureerde gegevens (dus in de databases én in de dossierkasten) moeten van goede kwaliteit zijn. Bij deze kwaliteit gaat het om meer dan de afwezigheid van fouten.

Kenmerken die de datakwaliteit bepalen (niet uitputtend) zijn:

Actualiteit

De mate waarin gegevens recent genoeg zijn in een gebruikscontext.

Begrijpbaarheid

De mate waarin de definities van gegevens begrijpelijk zijn voor degenen die ze moeten hanteren en interpreteren.

Beschikbaarheid

De mate waarin gegevens beschikbaar zijn voor het bedrijfsproces en alle andere gebruikers ervan.

Consistentie
De mate waarin dezelfde objecten in verschillende informatiesystemen bijvoorbeeld dezelfde betekenis (definitie) hebben.

Controleerbaarheid
Het gemak waarmee de volledigheid en correctheid van gegevens gecontroleerd kan worden, zelfs na een bepaalde periode.

Correctheid(juistheid)
De mate waarin gegevens die zijn vastgelegd juist zijn en dus overeenkomen met de werkelijkheid.

Eenduidigheid
De mate waarin een verschillende interpretatie van gegevens uitgesloten is.

Integriteit
De betrouwbaarheid van gegevens (kenmerken als actualiteit en correctheid maken hier deel van uit).

Tijdigheid
De mate waarin gegevens aanwezig zijn op het moment dat dat nodig is (sluit daarmee aan op beschikbaarheid).

Toegankelijkheid
De mate waarin gegevens benaderbaar zijn vanuit verschillende locaties.

Uniekheid (Uniciteit)
De mate waarin redundantie en doublures binnen gegevensverzamelingen afwezig zijn.
Het gaat om het voorkómen dat bepaalde gegevens (zoals klantgegevens) op meerdere plekken worden bijgehouden, waardoor deze gevoelig zijn bij wijzigingen (op niet alle plaatsen waar een adres is vastgelegd wordt dit gewijzigd op basis van een verhuisbericht) of op meerdere wijzen worden gespeld (waardoor een klant bijvoorbeeld als drie klanten kan worden geteld).

Vertrouwelijkheid
De mate waarin gegevens voldoen aan normen en regels voor privacy en de daaraan verbonden regelgeving.

Volledigheid
De mate waarin alle gegevens die aanwezig moeten zijn daadwerkelijk aanwezig zijn.

Wijzigbaarheid
Het gemak waarmee gegevens gewijzigd kunnen worden zonder gevaar voor inconsistenties en onvolledigheid.

Welke kenmerken belangrijk zijn en wat precies de vereisten zijn per kenmerk wordt uiteindelijk bepaald door de gegevenseigenaar. Wie de gegevenseigenaar is en wat het vereiste kwaliteitsniveau is kan worden vastgelegd in het bedrijfsinformatiemodel. Aan de rol van gegevenseigenaar wordt meer aandacht besteed in paragraaf 5.3 *Data governance*.

Verbetering van datakwaliteit
Voor het verbeteren van de datakwaliteit is een goede controle door lijnmanagement en BIM noodzakelijk. Maar ook een gedegen samenwerking tussen de business en de IT-afdeling is vereist.

Mogelijke operationele taken van BIM ten aanzien van datakwaliteit zijn:
1. bewaken en controleren datakwaliteit en signaleren afwijkingen;
2. input leveren voor aanpassing van de geautomatiseerde controlemaatregelen;
3. (massa-) updates van data uitvoeren of coördineren;
4. de business ondersteunen bij organisatorische maatregelen: ondersteuning van gebruik;
5. aandacht voor datakwaliteit inbouwen in opleidingen/trainingen;
6. kwaliteitsvereisten meenemen in het specificatieproces voor nieuwe/te wijzigen functionaliteit;
7. kwaliteitsvereisten meenemen bij het toetsen en testen.

De taken 1 tot en met 4 zijn onderdeel van het domeinperpectief *Data operation*, 5 tot en met 7 van *Data improvement*.

5. HET GOVERNANCE DOMAIN

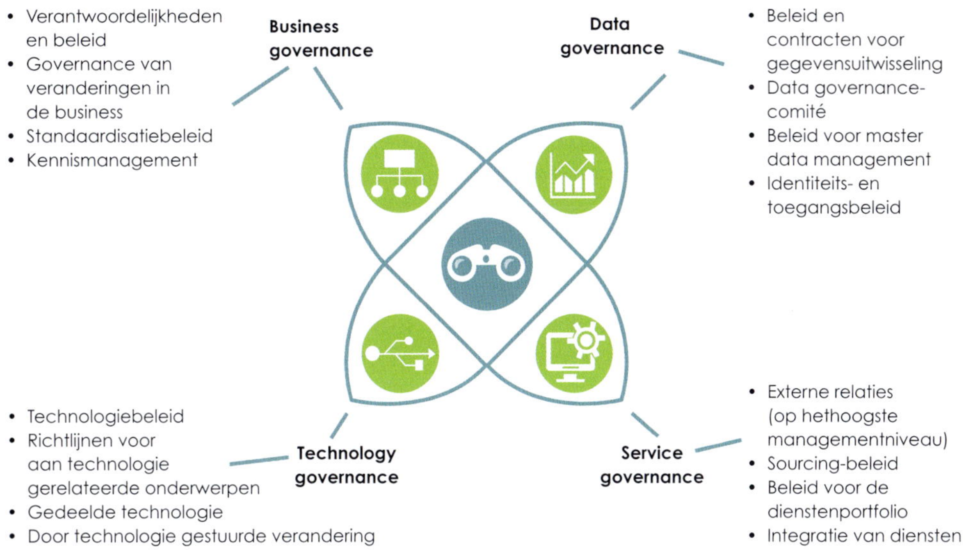

Figuur 5.1 Het Governance domain

5.1 INLEIDING

Het *Governance domain* is het domein waarin het beleid van een organisatie wordt vastgesteld. Het hoogste niveau in een organisatie is verantwoordelijk voor de governance: de besturing van en toezicht op de organisatie. Hierbij is aandacht voor de hiërarchieën, bevoegdheden, rollen en verantwoordelijkheden. Dus: wie doet wat en wie mag wat doen. Governance is de taak van raad of college van bestuur of directie. Bij kleine organisaties, waar geen bestuur of 'directeur' aanwezig is kunnen de governance-taken worden toegewezen aan een lid van het management of de eigenaar van de organisatie.

In het verleden, en in sommige organisaties nog steeds, werd er door bestuur of directie niet gestuurd op de inzet en het gebruik van IT binnen de informatievoorziening.

Dit werd overgelaten aan het management van de IT-afdeling of de externe IT-leverancier. En dat ondanks het feit dat de uitgaven voor IT, zowel de directe kosten als indirecte kosten aan bijvoorbeeld personeel, vaak een groot deel van de uitgaven van een organisatie uitmaken en IT een steeds belangrijker rol in de bedrijfsprocessen speelt en de resultaten van IT een steeds belangrijker onderdeel zijn van het succes van de organisatie.

Het ontbreken van beleid en sturing heeft bij verschillende organisaties en projecten gezorgd voor het niet realiseren van de verwachte baten of zelfs compleet falen omdat er te weinig of geen aandacht was voor de niet IT- of technische aspecten van de verandering die beoogd werd met het IT-project.

BiSL1 heeft al nadrukkelijk aandacht besteed aan de verantwoordelijkheid van de business voor IT en informatievoorziening. Maar na de introductie werd het model voornamelijk toegepast op uitvoerend en sturend niveau. Inmiddels is duidelijk geworden dat aandacht besteden aan governance op het gebied van BIM onontbeerlijk is voor het goed kunnen beheersen van de informatie, de informatiesystemen en de informatieservices en is er in BiSL een heel domein aan gewijd.

5.1.1 Governance van informatievoorziening

De governance van informatie en ondersteunende informatietechnologie, waar het binnen BIM om gaat, is een onderdeel van de governance van de organisatie.

Als je niet weet waar je naartoe wilt
is elke richting de goede.
(naar: Alice in Wonderland)

Pas wanneer een organisatie weet waar ze naar toe wil kun je de weg vaststellen en de middelen selecteren om daar te komen. Dus kun je dan pas vaststellen welke informatie, informatiesystemen en -services nodig zijn om de organisatie te ondersteunen en hoe je de informatievoorziening bestuurt.

Zeker bij informatie-intensieve organisaties, denk aan internetbedrijven als Amazon of aan banken, de politie of de zorgsector, is de besturing van informatie een cruciale factor in de besturing van de organisatie. Een belangrijk onderwerp is dan ook de aansluiting - of bij bedrijven als Amazon, de versmelting (fusion) - tussen business en IT. Binnen BIM gaat governance primair om de besturing van informatie en informatietechnologie. Het management van de IT-afdelingen is hier nauw bij betrokken en mede voor verantwoordelijk.

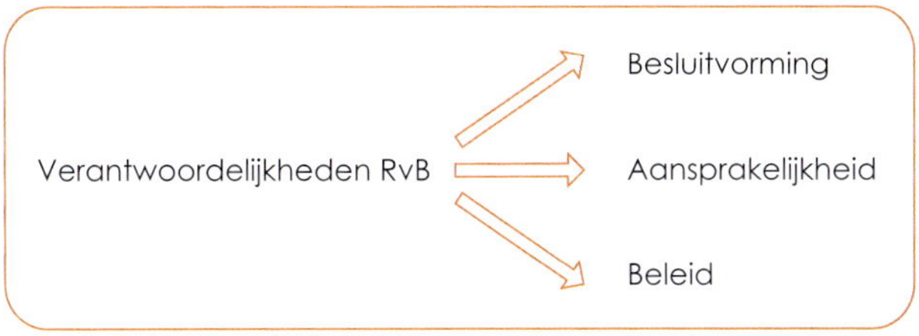

Figuur 5.2 Verantwoordelijkheden Raad van bestuur

Binnen *Governance* wordt het informatiebeleid voor de organisatie bepaald en worden de kaders voor de informatiestrategie vastgesteld. Alle businessunits binnen een organisatie en alle programma's en projecten moeten opereren binnen de kaders van het bedrijfs- en informatiebeleid en de informatiestrategie. Businessunits zijn dus niet geheel autonoom. Ook programma- en projectmanagement moeten erop toezien dat de informatiesystemen die worden ontwikkeld en gebruikt passen binnen het beleid en moeten daarover terugkoppelen naar bestuur en directie.

Governance moet zich bezighouden met vragen als:

- Waar gaat de organisatie naar toe, in hoeverre is ze daar klaar voor en wat is de rol van IT daarin?
- Wat zijn de prioriteiten van de business en binnen de informatievoorziening, waarom zijn dit prioriteiten en wie stelt ze?
- Hoe worden de activiteiten van de business en activiteiten op het gebied van de informatievoorziening opgedeeld, hoe worden ze nu uitgevoerd en hoe zijn ze georganiseerd?
- Waar kan de organisatie effectiever en efficiënter werken en hoe kunnen BIM en IT hier een bijdrage aan leveren?
- Wat is de geografische verspreiding van de onderdelen van de organisatie en de bedrijfsprocessen?
- Hoe kunnen servicegerichte informatie- en data-architecturen bijdragen aan meer consistentie, hergebruik en aanpasbaarheid?
- Hoe ziet de toekomst van de BIM- en de IT-organisatie eruit en hoe anticipeer je daarop?
- Welke risico's kan de organisatie door de IT-activiteiten lopen ten aanzien van de continuïteit van het bedrijfsproces en de integriteit van de informatie?
- Voldoet de informatievoorziening aan wet- en regelgeving, standaarden en de beleidsregels van de organisatie?
- Wordt er bij de inzet van automatisering voldoende rekening gehouden met de menselijke factor en de behoeften van de mensen in het proces?

Verantwoordelijkheid voor de informatievoorziening van een businessunit is meestal belegd bij de directeur of manager van die businessunit. We noemen die dan de bedrijfsproces- of domeineigenaar. Wanneer een bedrijfsproces wordt ondersteund door meerdere systemen worden ook systeemeigenaren aangewezen. Dit kan dezelfde persoon zijn, maar dat hoeft niet.

De dagelijkse verantwoordelijkheid voor informatieservices zal vaak belegd zijn bij een 'beheerder': een persoon, een lichaam of een groep individuen (of meer waarschijnlijk een aantal groepen). Denk hierbij bijvoorbeeld aan functioneel beheerders, key-users maar ook informatiemanagers of projectmanagers. De bedrijfsproces-, domein- of systeemeigenaar kan verantwoordelijkheden aan deze beheerder delegeren. Hoewel dit delegeren zowel noodzakelijk als praktisch is, kan de eigenaar de eindverantwoordelijkheid (of aansprakelijkheid) voor de beveiliging, integriteit en vertrouwelijkheid van de informatie en de goede werking van de informatieservice niet uit de weg gaan. Er zijn bepaalde andere verantwoordelijkheden die niet aan de beheerder mogen worden gedelegeerd, waaronder:

- De definitie van gegevens vaststellen;
- Toegang definiëren (of autorisatieprofielen vaststellen);
- Beheerders autoriseren;
- Codestructuren definiëren;
- Waarden van masterdata (zoals BTW-percentage, tariefstaffel) goedkeuren;
- Niveaus van back-up goedkeuren;
- Functionele en niet-functionele eisen goedkeuren.

Governance moet erop toezien dat wanneer activiteiten gedelegeerd worden duidelijk is wat gedelegeerd wordt en welke bevoegdheden, middelen en kaders daarbij horen.
De precieze verantwoordelijkheden van een beheerder zijn afhankelijk van de omstandigheden en van de plaats in de informatieketen. Voor bijvoorbeeld het onderwerp data moet Governance ervoor zorgen dat het beheer van de metagegevens en de functionaliteit van de bedrijfsgegevens bij de BIM-organisatie ligt en het beheer van de opslagmedia en databases bij de IT-leverancier(s).

De drie kerntaken van governance zijn:

- Opstellen van beleid voor wie wat doet en wie wat mag doen;
- Realiseren van baten: aangeven van de gewenste resultaten van businesschange-programma's;
- Risicobeheersing: afwegen van kansen tegen risico's en kosten.

Beleid
Drie belangrijke aandachtspunten binnen het domein *Governance* op het gebied van beleid zijn het opstellen van beleid, het monitoren in hoeverre de beoogde baten worden behaald en het aanpassen van beleidsregels aan veranderde omstandigheden of uitkomsten. Periodiek moet worden nagegaan of het beleid nog steeds passend is voor de organisatie.

Beleid kan zowel versterkend als beperkend zijn. Versterkend beleid heeft tot doel om het realiseren van effectieve informatieservices en informatiesystemen te ondersteunen, promoten en aan te moedigen. Beperkend beleid richt zich op het controleren of beperken van activiteiten in de verschillende delen van de organisatie. Dat kan zijn voor hun eigen bestwil of met het oog op verbetering van de organisatie als geheel.

Er zijn veel terreinen waarvoor beleid nodig kan zijn. Vanuit het oogpunt van BIM gaat het vooral over het volgende:

- Informatie, informatiesystemen en informatieservices;
- Master data management;
- Risico's;
- Mensen;
- Financiële eisen en verplichtingen;
- Structuur van de organisatie;
- Document- en archiefbeheer (zowel elektronisch als papier);
- Kennismanagement;
- Beveiliging;
- Juridische naleving;
- Innovatie;
- Technologie.

Elk beleid moet regelmatig worden:

- Gemonitord, om de effectiviteit te kunnen beoordelen en de mate waarin de beoogde baten zijn behaald;
- Gereviewd en bijgesteld, om het indien nodig aan te passen aan ontwikkelingen;
- Beoordeeld, om ervoor te zorgen dat de doelstellingen nog steeds gelden.

Figuur 5.3 Beleidsterreinen binnen BIM

Realiseren van baten

Voor elk programma of project waarin veranderingen in de business worden aangebracht moet duidelijk zijn welke baten gerealiseerd moeten worden. Deze worden vastgesteld binnen Governance. Binnen Strategy kunnen metrics worden vastgesteld om te bepalen in hoeverre de beoogde baten worden gehaald. Dit is met name een verantwoordelijkheid van corporate governance en minder van governance binnen BIM, tenzij de beoogde verandering hoofdzakelijk bestaat uit veranderingen in de informatievoorziening.

Om baten effectief te kunnen beheren, moeten businessmanagers op zijn minst de volgende vragen kunnen beantwoorden:

- Hoe identificeren we de potentiële baten van deze investering?
- Wat zijn de risico's om deze te behalen? En hoe zit het met de risico's wanneer we ze niet halen?
- Hoe kunnen we meer baten behalen?
- Hoe beoordelen we de relevantie van de voordelen voor de organisatie?
- Hoe weten we of we ze behalen?
- Welke metingen hebben we nodig?

Het is de taak voor BIM om te zorgen voor hulpmiddelen waarmee de businessmanagers antwoord kunnen geven op deze vragen.

Risico's en beveiliging

Elke organisatie zou een risicoplan moeten hebben dat minimaal jaarlijks wordt geactualiseerd. Bovendien moet voor elk project een risicoanalyse worden gemaakt. Dit kan uiteenlopen van een simpele risico-inschatting tijdens een bespreking tot een uitgebreid onderzoek leidend tot een dik rapport.

Risicomanagement op organisatieniveau houdt zich bezig met het vaststellen van een richting en het afwegen van kansen tegen de daaraan verbonden kosten en risico's. Een beetje risico nemen moet elke organisatie om haar strategische doelen te bereiken. Risicomanagement moet ervoor zorgen dat de risico's geïdentificeerd en gekwalificeerd zijn en dat er maatregelen zijn gedefinieerd die genomen kunnen worden als het risico optreedt. Dus gaat het om het identificeren, inschatten van de waarschijnlijkheid en de gevolgen, evalueren, beheersen en bewaken van kansen en risico's.

Informatiebeveiliging is het geheel aan maatregelen dat in een organisatie wordt toegepast om ervoor te zorgen dat de informatievoorziening betrouwbaar is, dat wil zeggen beschikbaar, integer en vertrouwelijk (BIV of, in het Engels CIA). Deze maatregelen hebben impact op alle aspecten van de informatievoorziening, zowel de functionaliteit en het gebruik van de informatiesystemen en –services als de BIM-activiteiten.

Eisen aan het informatiesysteem zijn bijvoorbeeld: alleen toegankelijk met een login-ID en wachtwoord, niet alle gegevens voor iedereen zichtbaar, afspraken over archivering en bewaartermijnen. Maar ook worden eisen gesteld aan de organisatie rond de ontwikkeling en het beheer van de informatiesystemen: alleen toegang tot de computerruimte met een pasje, ondertekenen van geheimhoudingsverklaringen en dergelijke. Er zijn verschillende maatregelen nodig die gezamenlijk zorgen voor het gewenste niveau van informatiebeveiliging en deze maatregelen moeten worden genomen op alle niveaus van de organisatie: van de directie tot de werkvloer.

5.2 BUSINESS GOVERNANCE

Aangezien het de business is die uiteindelijk gebruik maakt van de informatievoorziening is het vanzelfsprekend dat daar de governance start.

5.2.1 Onderwerpen Business governance

Binnen het domeinperspectief *Business governance* onderscheiden we de volgende vier onderwerpen:

- Verantwoordelijkheden en beleid;
- Governance van veranderingen in de business;
- Standaardisatiebeleid;
- Kennismanagement.

Verantwoordelijkheden en beleid

De top van de organisatie is verantwoordelijk voor het opstellen van beleid, voor besluitvorming en uiteindelijk voor alle activiteiten van de organisatie. Volgens de norm ISO/IEC 38500 zijn de drie hoofdtaken binnen de governance van IT:

- Evalueren van het huidige en toekomstige gebruik van IT, inclusief alle externe en interne veranderingen die kansen bieden of de organisatie bedreigen;
- Aansturen van de voorbereiding en implementatie van strategie en beleid om ervoor te zorgen dat het gebruik van IT voldoet aan de bedrijfsdoelstellingen;
- Monitoren in hoeverre het beleid wordt gevolgd en de prestaties passen binnen de strategie.

Het bestuur stelt de beleidslijnen op en geeft het management van de organisatie opdracht voor de uitvoering ervan. Monitoren van de prestaties kan bijvoorbeeld worden gedaan aan de hand van registraties van verstoringen.

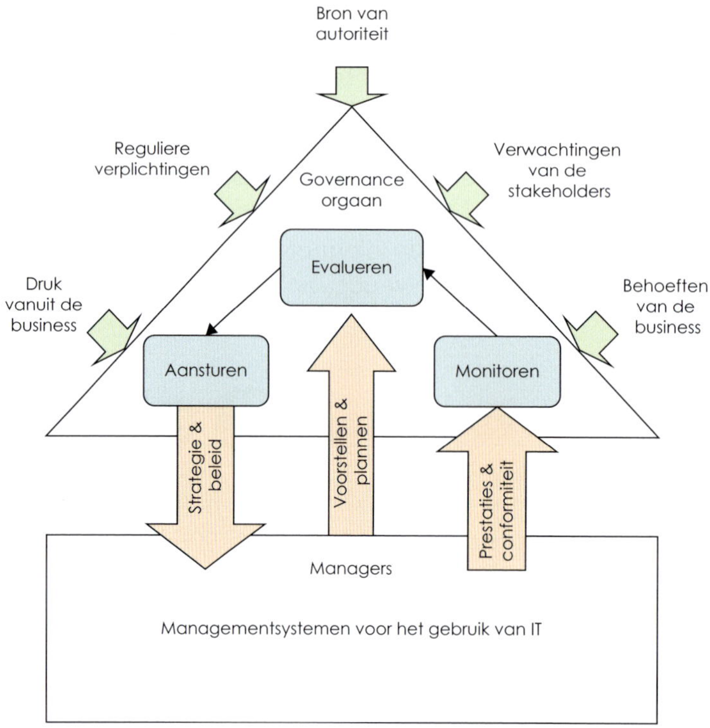

Figuur 5.4 Model voor Governance van IT (ISO/IEC 38500:2015)

De governance van IT/informatie moet zich niet alleen richten op de kosten van een investering, maar ook kijken naar de baten, om zo de effectiviteit van een investering (ofwel de waarde) goed te kunnen bepalen. Afhankelijk van de aard van de organisatie kan het van belang zijn om ook partners te betrekken bij de beleidsvorming.

De hoofdverantwoordelijkheden van het bestuur zijn:

- Nemen van besluiten;
- Aansprakelijkheid voor de genomen beslissingen;
- Opstellen van beleid en dat kenbaar maken.

Governance van veranderingen in de business

Uit beleid volgt strategie en uit strategie volgen verbeterplannen. De resultaten van die veranderingen worden gemonitord in *Governance*. Hoe goed (of niet) de organisatie het nieuwe beleid volgt, kan worden vastgesteld door middel van verificatie en validatie. Bij verificatie gaat het om het vaststellen van de kwaliteit van een (informatie)service: voldoet het aan de gestelde kwaliteitseisen ('doen we de dingen op de goede manier' en 'zijn de dingen goed gedaan'). Bij validatie gaat het erom dat de (informatie)services het gewenste resultaat opleveren, dus richt zich op 'doen we de goede dingen' of 'behalen we de beoogde baten voor de organisatie'.

Alle programma's en projecten moeten voldoen aan de in het beleid vastgelegde eisen en daarmee is het bovenstaande relevant voor zowel verbeterprogramma's als verbeter- en wijzigingsprojecten.

Standaardisatiebeleid

Een van de onderwerpen binnen *Governance* is het gebruik van standaarden en normen. Standaarden, voor bijvoorbeeld projectmanagement of BIM-activiteiten verminderen de kans op fouten in complexe projecten. Welke standaarden precies gebruikt worden en op welke manier is een zaak voor de verantwoordelijke managers.

Daarnaast zijn organisaties vanuit wet- en regelgeving meer en meer verplicht om te voldoen aan bepaalde normen. Een voorbeeld is ISAE3402: financiële instellingen dienen door middel van een ISAE 3402 rapport aan te tonen dat alle uitbestede processen beheerst zijn. Hoe de IT-leverancier deze processen beheerst, of dit met ITIL, COBIT, ISO/IEC 20000, VeriSM of een eigen framework gebeurt, is in principe aan de IT-leverancier. Maar het aantoonbaar gebruik maken van een van deze standaarden maakt het een leverancier wel makkelijker om aan te kunnen tonen dat het voldoet aan de eisen van de gebruikersorganisatie en maakt het de gebruikersorganisatie makkelijker om dat te kunnen controleren. Daarom wordt het werken aan de hand van bepaalde standaarden regelmatig in het pakket van eisen aan een leverancier opgenomen.

Kwaliteitsdoelen voor de organisatie moeten worden opgesteld door het topmanagement. Het is aan BIM om kwaliteitsdoelen op te stellen voor de informatiesystemen en -services die bijdragen aan de doelstellingen van de organisatie.

Kennismanagement

Kennismanagement gaat over het ontwerpen, inrichten en onderhouden van de kennishuishouding waardoor de in de organisatie aanwezige kennis effectiever wordt gebruikt. Het doel van kennismanagement is het ondersteunen van besluitvorming en innovatie en het mogelijk maken dat de organisatie haar doelen beter kan realiseren. Kennis is aanwezig in hoofden van mensen maar kan ook aanwezig zijn in databases, documenten, procedures en beleid. Kennismanagement beoogt het delen van kennis te faciliteren. Kennismanagement is iets anders dan een kennissysteem of kennisbank. Kennismanagement gaat over het proces. Het faciliteren van kennisdeling kan prima worden ondersteund door geautomatiseerde kennissystemen. Met alleen het in gebruik nemen van een kennissysteem heeft een organisatie zijn kennismanagement echter niet ingericht.

Kennismanagement is een onderwerp op dit niveau omdat het organisatiebeleid kan inhouden in hoeverre kennisdeling een vereiste is. In de meeste organisaties is het delen van bepaalde informatie noodzakelijk en het delen van andere informatie juist verboden. Dat kan een gevolg zijn van het beleid op het gebied van de privacy. Welke informatie al dan niet gedeeld mag worden moet helder zijn voor iedereen in de organisatie.

5.2.2 Activiteiten Business governance

Samenvattend leiden de onderwerpen binnen het domeinperspectief *Business governance* tot de volgende activiteiten:

- Bepalen van het beleid voor de informatievoorziening;
- Valideren en verifiëren of het bedrijfsbeleid wordt gevolgd bij het ontwikkelen van programma's en projecten;
- Bepalen van het het beleid op het gebied van standaardisatie;
- Opstellen van kwaliteitsdoelen voor BIM en voor de informatiesystemen en –services op basis van het gedefinieerde beleid;
- Erop toezien dat informatiesystemen en –services voldoen aan het verwachte kwaliteitsniveau;
- Opstellen van een beleid voor kennismanagement.

5.2.3 Producten Business governance

De producten die worden opgeleverd vanuit het domeinperspectief *Business governance* volgen een-op-een uit de genoemde activiteiten.

- Informatiebeleid;
- Standaardisatiebeleid;
- Beleid omtrent kennismanagement;
- Kwaliteitsdoelstellingen voor de informatievoorziening;
- Inzicht in de mate waarin het beleid wordt gevolgd door de organisatie;
- Inzicht in de mate waarin wordt voldaan aan de kwaliteitseisen.

Het informatiebeleid is het belangrijkste product. Onderwerpen die hierin aan de orde kunnen komen zijn:

- Ontwikkelingen in en om de organisatie;
- Beleidsvisie van de organisatie;
- Schetsen van de op middellange en lange termijn benodigde informatievoorziening;
- Sterkte-zwakteanalyse van de informatievoorziening;
- Besluitvorming over grootschalige en zwaarwegende veranderingsbehoeften op basis van onder meer prioriteit, kosten en impact;
- Beleid omtrent het gebruik van nieuwe technologische mogelijkheden en diensten (BYOD, SaaS, blockchain, etc.);
- Afspraken over het gebruik van basismiddelen en standaards en richtlijnen ten aanzien van middelen;
- Beleid ten aanzien van beveiliging van de informatiesystemen.

Voor een goede uitvoering van de activiteiten van *Business governance* is de volgende invoer nodig:

- Bedrijfsbeleid;
- Informatie over programma's, projecten en geleverde informatiesystemen en-services.

5.3 DATA GOVERNANCE

Elke organisatie gebruikt data. De hoeveelheid data neemt de laatste jaren door ontwikkelingen als big data en 'Internet of things' exponentieel toe. Het is van groot belang dat een organisatie duidelijke richtlijnen heeft voor het verzamelen, opslaan, onderhouden, beveiligen, gebruiken en vernietigen van data. Ook zou er een visie moeten zijn op het omgaan met de grote hoeveelheden data, wanneer een organisatie daarover beschikt.
De informatieketens waar een organisatie mee te maken heeft zijn zo belangrijk geworden dat er afspraken moeten komen voor de uitwisseling van data en informatie. Deze ketens moeten zorgvuldig worden bestuurd om ervoor te zorgen dat personen alleen toegang hebben tot de informatie waartoe ze gerechtigd zijn. Deze onderwerpen worden hieronder nader uitgewerkt.

5.3.1 Onderwerpen Data governance

Binnen het domeinperspectief *Data governance* onderscheiden we de volgende vier onderwerpen:

- Beleid en contracten voor gegevensuitwisseling;
- Data governance-comité;
- Beleid voor master data management;
- Identiteits- en toegangsbeleid.

Beleid en contracten voor gegevensuitwisseling

In het verleden beheerden organisaties zelf hun gegevens. Zelfs als organisaties aan elkaar gelieerd waren, zoals verschillende overheidsinstellingen, beheerde elke organisatie zelf de gegevens. Het gevolg was dat een klant of burger elke keer naam, adres en andere relevante gegevens moest doorgeven.
In de tegenwoordige maatschappij worden steeds meer gegevens uitgewisseld. Binnen een organisatie en tussen organisaties. In Nederland is afgesproken dat gegevens over bijvoorbeeld personen, gebouwen en bedrijven nog maar op één plaats worden beheerd. Op basis van bepaalde sleutelgegevens kunnen organisaties die dit willen de gegevens opvragen en gebruiken.

Intern in organisaties zien we dat businessunits meer autonoom zijn gaan werken en binnen de unit de eigen gegevens beheren. Dit uiteraard met uitzondering van de data die onder het beleid van master data management (MDM) vallen en veelal centraal worden beheerd.

Voor de uitwisseling van gegevens tussen organisaties of businessunits binnen een organisatie is beleid nodig. In deze situaties moet worden vastgelegd wie de eigenaar is van de gegevens en daarmee verantwoordelijk is voor de kwaliteit van de gegevens. En er moeten onderling afspraken worden gemaakt over de wijze waarop het beheer van de informatie en de gegevens plaatsvindt. Binnen *Governance* dient erop te worden toegezien dat het beleid wordt nagevolgd.

Data governance-comité

In grotere organisaties kan een Data governance-comité worden ingesteld die (veel van) de activiteiten van data governance uitvoert en/of aanstuurt. Het kan een subcomité zijn binnen de bestaande governance-structuur en moet de benodigde bevoegdheden hebben om verbeteringen aan de workflow te initiëren, problemen met de datakwaliteit op te lossen en strategieën te ontwikkelen voor het verzamelen van data. Een van de activiteiten van het comité is het aanstellen van data stewards (gegevensbeheerders).

Toelichting Data governance-comité

Een Data governance-comité bestaat uit een groep individuen die een dwarsdoorsnede van belangengroepen (ook juridisch, financieel, etc.) vertegenwoordigen. Denk hierbij aan de gegevenseigenaren, aangevuld met een gegevensarchitect en de verantwoordelijken voor compliance en risk. Het comité stelt een reeks regels opstellen voor het gebruik van gegevens in de organisatie in de vorm van beleid, normen, eisen, richtlijnen of gegevensdefinities.

Beleid voor master data management

Master data management (MDM), een van de aspecten van de besturing van informatie en data, moet worden aangestuurd op basis van beleid dat wordt gemaakt door de top van de organisatie. Het gaat bij MDM om het beheer van de gegevens die organisatiebreed worden gebruikt, zie paragraaf 4.3.2. Data stewards (gegevensbeheerders) beheren de masterdata. Zij bewaken de correctheid, volledigheid, tijdigheid en consistentie van de kritische informatie waarop de organisatie draait. De masterdata zijn vastgelegd in een datamodel of objectmodel dat zorgvuldig geïntegreerd moet zijn met de informatiesystemen die worden gebruikt. Zowel die van de eigen organisatie als die van externe informatieketenpartners.

Naast beleid voor het managen van masterdata moet er ook beleid worden geformuleerd voor het managen van metadata. Afspraken en wetgeving als Basel II en III en Sarbanes Oxley (SOX) leiden ertoe dat aangegeven moet kunnen worden hoe cijfers tot stand zijn gekomen. Veel voorkomende vragen zijn: 'uit welke bronsystemen zijn deze gegevens afkomstig?', 'wat waren de oorspronkelijke definities van de gegevens?', 'aan de hand van welke rekenregels zijn de gegevens bewerkt?' en 'welke bewerkingen hebben de gegevens ondergaan?'. Om dit soort vragen te kunnen beantwoorden, is een duidelijk overzicht van en inzicht in de betrokken 'data over data' nodig. Ook zijn afspraken met partijen die gegevens aanleveren nodig.

(Ook) voor alle masterdata en metadata moet een gegevenseigenaar worden aangewezen. Een gegevenseigenaar is verantwoordelijk voor (een bepaald deel van) de gegevens van een organisatie. Hij moet hierbij de wettelijke vereisten en intern beleid dat verband houdt met de gegevens in acht nemen. De gegevenseigenaar heeft taken met betrekking tot het gebruik van de gegevens en van de in de organisatie gehanteerde datamodellen. Denk hierbij bijvoorbeeld aan:

- Een beleid opstellen voor het gebruik van gegevens door de organisatie;
- Bepalen wie gegevens mogen maken, wijzigen, lezen en/of verwijderen;
- Kwaliteitscriteria voor de gegevens bepalen;
- Beoordelen welke risico's een organisatie loopt als de gegevens niet aanwezig zijn, verloren gaan of corrupt raken;
- Goedkeuring geven aan beveiligingsmaatregelen om zowel fysieke als logische schade aan gegevens te voorkomen (inclusief vernietiging, wijziging en bekendmaking);
- Bewaken dat bij het gebruik van de gegevens wordt voldaan aan wet- en regelgeving, bijvoorbeeld op het gebied van de privacy;
- Een bedrijfsinformatiemodel (laten) opstellen en onderhouden;
- Goedkeuring geven aan definities, beschrijving en doel van de gegevens en de metadata.

In hoofdstuk 10 is de rol van gegevenseigenaar nader uitgewerkt. De rol verschilt dus van die van bedrijfsproceseigenaar. Dat is iemand die voor een bepaald bedrijfsproces verantwoordelijk is voor de ondersteunende informatiesystemen en -services en voor de afspraken daaromtrent met IT-leveranciers en gebruikersorganisatie. Vaak is een bedrijfsproceseigenaar tevens eigenaar van meerdere systemen.

Identiteits- en toegangsbeleid

Het is essentieel dat er organisatiebreed beleid is omtrent wie toegang heeft tot welke gegevens (de data) en hoe die de gegevens mag gebruiken (de functionaliteit) en dat dit is vastgelegd. Het moet binnen de organisatie duidelijk zijn hoe er met de privacy en de beveiliging van data moet worden omgegaan, rekening houdend met de wetgeving op dat gebied.

BIM moet dit beleid vormgeven of hier op zijn minst een grote invloed op hebben. Beleid rondom beveiliging, privacy, risico's en kwaliteit zijn voorbeelden van beleid dat BIM opstelt, uiteraard binnen de kaders van het bedrijfsbeleid. *Identity and Access Management* (IAM, identiteits- en toegangsbeleid) is de discipline die zich hier mee bezig houdt. IAM omvat de processen binnen een organisatie die zich richten op het administreren en beheren van gebruikers en middelen in het netwerk, inclusief de toegangscontrole van de gebruikers op applicaties en systemen.

5.3.2 Activiteiten Data governance

Samenvattend leiden de onderwerpen binnen het domeinperspectief *Data governance* tot de volgende activiteiten:

- Toewijzen van gegevenseigenaren;
- Opstellen van beleid voor management van masterdata en metadata;
- Opstellen van beleid voor de uitwisseling van gegevens tussen partners in de informatieketen;
- Bewaken of het beleid ten aanzien van het uitwisselen van gegevens wordt gevolgd;
- Opstellen van beleid voor informatiebeveiliging en beveiliging van privacygevoelige gegevens;
- Criteria vaststellen voor het *Identity and access*-beleid op organisatiebreed niveau;
- Opstellen en bewaken van de navolging van het *Identity and access*-beleid;
- Installeren van een Data governance-comité met taken als:
  - Oplossen van problemen met de datakwaliteit;
  - Initiëren van verbeteringen aan de workflow;
  - Ontwikkelen van een strategie over hoe bepaalde gegevens ter beschikking kunnen komen;
- Aanstellen van medewerkers als data steward of gegevensbeheerder (zie voor een beschrijving van de taken hoofdstuk 10).

5.3.3 Producten Data governance

De producten die worden opgeleverd vanuit het domeinperspectief *Data governance* volgen een-op-een uit de genoemde activiteiten:

- Beleid voor:
  - Master data management;
  - Metadata;
  - Uitwisselen van gegevens met informatieketenpartners en leveranciers;
  - Informatiebeveiliging;
  - Omgaan met privacygevoelige gegevens;
  - Organisatiebrede *Identity and access management*-regels;
- Overzicht van gegevenseigenaren;
- Taakomschrijving Data governance-comité.

Voor een goede uitvoering van de activiteiten van *Data governance* is de volgende invoer nodig:

- Bedrijfsbeleid;
- Informatie over gegevensuitwisseling, gegevensgebruik;
- Informatie over ongewenste toegang tot bedrijfsgegevens.

5.4 SERVICE GOVERNANCE

Op bestuurs- of directieniveau wordt vanuit het perspectief *Service* gefocust op interne en externe relaties. Informatiesystemen en informatieservices zijn in veel situaties van levensbelang voor de diensten die de organisatie zelf verstrekt aan haar klanten. Daarom is het van groot belang dat ook de informatieketenpartners en leveranciers de eisen hieraan goed begrijpen.

5.4.1 Onderwerpen Service governance

Binnen het domeinperspectief *Service governance* onderscheiden we de volgende vier onderwerpen:

- Externe relaties (op het hoogste managementniveau);
- Sourcing-beleid;
- Beleid voor de dienstenportfolio;
- Integratie van services.

Externe relaties (op het hoogste managementniveau)

Bestuur of directie moet relaties onderhouden met externe leveranciers van informatieservices om het klimaat te scheppen voor onderhandelingen over contracten en andere overeenkomsten en over de manier waarop geschillen worden afgehandeld. Meer gedetailleerde discussies worden vaak gedelegeerd naar, bijvoorbeeld, een afdeling inkoop. De rol van BIM in die onderhandelingen is het bewaken van de kwaliteit van de informatieservices (softwarekwaliteit, kwaliteit van de dienstverlening, kwaliteit van de hardware etc.) in de geest van het op bestuursniveau geformuleerde beleid.

Niet zelden komt het voor dat de directie van de gebruikersorganisatie en de directie van de leverancier al dan niet onder het genot van een diner elkaar de hand schudden en melden verder te gaan als 'partners', waarna de inkoper in de contractonderhandelingen de laatste cent eruit perst. Wat uiteraard de samenwerking niet ten goede komt.

Sourcing-beleid

Sourcing is in feite inkoop en een sourcing-beleid wordt meestal opgesteld om competitief voordeel te behalen. Welke diensten kunnen worden ondergebracht in een shared service centrum? Wordt gebruik gemaakt van outsourcing (het laten uitvoeren van processen door een derde partij) of near- of offshoring (het verplaatsen van processen naar het buitenland, vaak lagelonenlanden, als verbijzonderde vorm van outsourcing)? Er moet beleid worden opgesteld opdat duidelijk is welke besluitvorming ten aanzien van de sourcing van informatieservices op welk niveau in de organisatie zal plaatsvinden. Ook in het kader van sourcing heeft BIM de rol van bewaker van de kwaliteit van de diensten, de software en de informatieverwerking op de centrale voorzieningen. Het beleid op het gebied van sourcing van informatieservices geeft richtlijnen voor interne en externe relaties met zowel informatieketenpartners als leveranciers. Onderdeel van het beleid kan zijn hoe omgegaan moet worden met cloud computing en (privé)gebruik van social media op het werk. In bepaalde gevallen kan via social media informatie worden gedownload die van belang is voor de organisatie. BIM ziet toe op het gebruik van informatie die langs deze kanalen wordt verkregen.

Een afgeleide van het sourcing-beleid is het leveranciersbeleid. Dat beleid is gericht op het systematisch verbeteren of afbouwen van relaties met leveranciers. Hierbij wordt aandacht besteed aan de benodigde soorten dienstverlening en de wijze waarop en bij wat voor soort leveranciers deze moeten worden ingekocht. Tevens wordt aandacht besteed aan generieke afspraken met leveranciers en aan richtlijnen hoe leveranciers te selecteren inclusief de benodigde mandaten naar strategie en uitvoering.

Beleid voor de dienstenportfolio

Welk kwaliteitsniveau moeten de informatieservices hebben en wat is hun bijdrage aan de bedrijfsdoelstellingen? Wat is de impact van verbeteringen in de businessservices op informatieketenpartners en leveranciers? Wat is hun strategische waarde? Binnen het management moet worden vastgesteld op welke wijze de waarde van de informatieservices voor de business kan worden gemeten. Ook moet worden vastgesteld wat de diensten mogen kosten. Een en ander wordt vastgelegd in SLA's of contracten binnen *Service strategy*. Aan BIM de taak de 'value for money' van alle onderdelen van de dienstenportfolio aan te geven en erop te sturen die zo groot mogelijk te maken.

Integratie van diensten

Governance moet de hele informatieketen afdekken (zowel extern als intern) en daarom zijn onderwerpen als de integratie van diensten belangrijk voor het hoogste management. Bedrijfsfusies en overnames richten zich over het algemeen op de business zelf en minder op de onderliggende technologie. Maar de ervaring leert dat ook aan de informatieservices veel aandacht moet worden gegeven. Hierin heeft BIM een grote rol.

5.4.2 Activiteiten Service governance

Samenvattend leiden de onderwerpen binnen het domeinperspectief *Service governance* onderscheiden tot de volgende activiteiten:

- Mede vaststellen van de relaties van BIM met de gebruikersorganisatie, IT-leveranciers en informatieketenpartners;
  - Opstellen van een relatiebeleid waarin is vastgelegd hoe de samenwerking tussen BIM en de gebruikersorganisatie wordt vormgegeven;
  - Vaststellen van de beslissingsbevoegdheden;
  - Evaluatie van de relaties met de gebruikersorganisatie, IT-leveranciers en informatieketenpartners;
  - Toezien op het beheer van de relaties met de gebruikersorganisatie, IT-leveranciers en informatieketenpartners.
- Opstellen van een sourcing-beleid en een leveranciersbeleid;
- Deelnemen aan topoverleg over de inkoop van informatieservices met externe partners;
- Deelnemen aan overleg over fusies en overnames.

5.4.3 Producten Service governance

De producten die worden opgeleverd vanuit het domeinperspectief *Service governance* volgen een-op-een uit de genoemde activiteiten:

- Beleid voor:
  - Samenwerking met relaties;
  - Sourcing;
  - Leveranciers;
- Beschrijving van de relaties van BIM met de gebruikersorganisatie, IT-leveranciers en informatieketenpartners.

Voor een goede uitvoering van de activiteiten van *Service governance* is de volgende invoer nodig:

- Bedrijfsbeleid;
- Het aanbod van mogelijke aanbieders van informatieservices.

5.5 TECHNOLOGY GOVERNANCE

Technologie heeft al veel veranderd en heeft nog steeds een grote impact op bedrijfsprocessen, het bedrijfsleven en de samenleving. Steeds meer taken worden overgenomen door technologie. Dit kan onvermoede gevolgen hebben die, als er niet van tevoren over wordt nagedacht en beleid voor wordt gemaakt, nadelige effecten kunnen hebben op de organisatie of de samenleving.

Daarom hoort het onderwerp *Technology* ook duidelijk thuis in de directiekamer van een organisatie. Op governance-niveau zal men moeten nadenken over de kansen die nieuwe technologieën bieden, de risico's die men loopt bij het wel of juist niet adopteren van deze technologieën en beleid moeten opstellen voor hoe met deze kansen en risico's om te gaan. Het gaat niet alleen om zaken als het gebruik van 'apps', het Internet of things, cloud en een beleid rondom het gebruik van maatwerk applicaties versus standaardpakketten. Maar denk bijvoorbeeld ook aan het gebruik van open source, de robotisering van bedrijfsprocessen, of het niet mogen gebruiken van bepaalde webapplicaties zoals Dropbox.

Voorbeeld uit de praktijk

Ook al wordt aandacht besteed aan *Technology governance*, dan kan verkeerde besluitvorming toch nog tot schade leiden. Dat gebeurde bij een cyberaanval op een containeroverslagbedrijf. Dit leidde tot krantenkoppen als "Duizenden containers staan stil", "Er dreigen winkels zonder inventaris te zitten", "Schepen wijken uit naar andere terminals" en "Cyberaanval kost bedrijf 300 miljoen dollar". Ondanks expliciete waarschuwingen aan het management over de zwakke beveiliging van het Terminal Operating System wilde de leiding geen verbeteringen laten doorvoeren. Het zou namelijk betekenen dat de terminals tijdelijk stil zouden liggen door een upgrade van het netwerk. "Men zag de noodzaak niet. Op de terminals is te weinig IT-kennis", aldus een bron.

5.5.1 Onderwerpen Technology governance

Binnen het domeinperspectief *Technology governance* onderscheiden we de volgende vier onderwerpen:

- Technologiebeleid;
- Richtlijnen voor aan technologie gerelateerde onderwerpen;
- Gedeelde technologie;
- Door technologie gestuurde verandering.

Technologiebeleid

Beleid voor gebruik van technologie is nodig. Maar helaas wordt dit vaak verward met beleid voor de keuze van een bepaalde leverancier. Het komt regelmatig voor dat organisaties gebruik willen maken van algemeen bekende standaarden omdat daardoor wordt voorkomen dat ze te afhankelijk worden van een leverancier (vendor lock-in) en omdat er voldoende expertise te vinden is in de markt. In het beleid is dan terug te vinden 'Microsoft tenzij'. Vervolgens wordt de achterliggende reden (standaardoplossingen) vergeten en wordt waar maar mogelijk gekozen voor Microsoft, ook als er beter aansluitende standaardoplossingen zijn.

Technologiebeleid kan over veel onderwerpen gaan. Denk hierbij bijvoorbeeld aan:

- Authenticatie (het proces waarbij iemand nagaat of een gebruiker, een andere computer of applicatie daadwerkelijk is wie hij beweert te zijn);
- Beveiliging;
- Elektronisch archiefbeheer;
- Toegankelijk maken van ingescande documenten;
- Gebruik van cloud-applicaties;
- Gebruik van maatwerkapplicaties versus standaardpakketten;
- Gebruik van open source;
- Vervangingsbeleid voor gebruikte hardwarecomponenten;
- Gebruik van eigen hardware gekoppeld aan het intranet.

Ook moet aandacht worden besteed aan beleid ten aanzien van ontwikkelingen als Bring Your Own Device (BYOD), Choose Your Own Device (CYOD), Bring Your Own App (BYOA). Op deze ontwikkelingen wordt nader ingegaan in hoofdstuk 9. Hierbij horen ook vraagstukken als: mogen medewerkers hun eigen USB-stick aan de hardware koppelen (en dan met data erop meenemen naar buiten of niet), hun eigen laptop aan het intranet koppelen, van huis uit inloggen op de gebruikte informatiesystemen.

IT-middelen ondersteunen niet alleen de kantoorautomatisering maar ook de procesautomatisering. Procesautomatisering is het automatiseren en besturen van productieprocessen en andere processen in bedrijven om deze effectiever te laten verlopen en het rendement van de organisatie te verhogen.
Procesautomatisering wordt onder andere toegepast in bedrijven die van grondstoffen producten vervaardigen met behulp van computergestuurde machines. Volledig geautomatiseerd en 24 uur per dag. Als de hardware en software goed gekozen zijn kunnen veel productiekosten worden bespaard. Dus ook in deze bedrijven is technologiebeleid van grote waarde.

Richtlijnen voor aan technologie gerelateerde onderwerpen
Een organisatie kan richtlijnen opstellen voor aan technologie gerelateerde onderwerpen. We zien bijvoorbeeld binnen de overheid e-government. Onder e-government wordt verstaan de inzet van IT door de overheid om de kwaliteit van publieke diensten te verbeteren, efficiënter te maken, en informatie te delen met drie doelgroepen: overheden (onderling), burgers en organisaties (bedrijven en belangengroepen). Voorbeelden van richtlijnen hierbij zijn: eenmalige uitvraag, meervoudig gebruik (je hoeft maar eenmaal je naam en andere gegevens door te geven aan een overheidsinstantie), open & transparant en betrouwbaar & veilig. Ook grotere bedrijven stellen vaak eigen richtlijnen op.

Gedeelde technologie

Tegenwoordig komen we steeds vaker in aanraking met het Internet of things (IoT) oftewel een netwerk waarin dingen gegevens met elkaar kunnen uitwisselen. Vier zaken moeten op orde zijn voor een goed functionerend IoT:

- Wederzijdse kennis van de onderling verbonden partijen en de apparatuur;
- Moderne software-architecturen;
- Het vermogen om contextuele informatie via communicatienetwerken over te brengen naar waar deze nodig is;
- Analytische tools die autonoom en zogenaamd 'slim' gedrag mogelijk maken.

Toepassing van IoT kan gevolgen hebben voor de beveiliging van gegevens en privacy. Daarom zal de directie moeten nagaan hoe informatieservices kunnen veranderen in het kader van potentiële IoT-vernieuwingen en een beleid opstellen dat alle aspecten van het delen en opslaan van de gegevens omvat.

Door technologie gestuurde verandering

Bedrijven en businessmodellen kunnen geheel veranderen door de inzet van technologie. Denk bijvoorbeeld aan de robotisering van bedrijfsprocessen, wat directe gevolgen heeft voor het personeel van de betreffende afdelingen.

Andere voorbeelden van geheel nieuwe diensten dankzij nieuwe technologie zijn het eenvoudig kunnen lenen van gereedschap van mensen in de buurt of het vinden van een gratis overnachtingsplek waar ook ter wereld. Beide dankzij apps die overal werken op de smartphone. Uiteraard heeft dit gevolgen voor de traditionele verhuurbedrijven en hotels, die dan moeten bepalen hoe ze op deze ontwikkelingen inspelen.

Ook kan een organisatie beleid maken over iets schijnbaar triviaals als het gebruik van emoticons in de communicatie naar hun klanten. Met name via social media als Twitter en Facebook kunnen gebruikers tegenwoordig rechtstreeks contact opnemen met organisaties. Het is voor het imago van een organisatie gewenst dat voor deze web-care-activiteiten wordt bepaald hoe formeel of informeel gecommuniceerd wordt. Het is weliswaar geen technologiebeleid maar wel beleid dat moet worden opgesteld vanwege het gebruik van nieuwe technologie.

5.5.2 Activiteiten Technology governance

Samenvattend leiden de onderwerpen binnen het domeinperspectief *Technology governance* tot de volgende activiteiten:

- Inventariseren en onderzoeken van nieuwe technologie;
- Onderzoeken van de kansen, bedreigingen en risico's van de invoering van nieuwe technologie;
- Opstellen, evalueren en borgen van technologiebeleid;
- Opstellen van richtlijnen voor via het internet geleverde diensten;

- Onderzoeken wat de gevolgen zijn van nieuwe ontwikkelingen, zoals het Internet of Things, en nagaan of deze de privacy en bescherming van persoonsgegevens voldoende waarborgen;
- Vaststellen of het communicatiebeleid aangepast moet worden als gevolg van het gebruik van nieuwe technologie.

5.5.3 Producten Technology governance

De producten die worden opgeleverd vanuit het domeinperspectief *Technology governance* volgen een-op-een uit de genoemde activiteiten:

- Technologiebeleid;
- Richtlijnen voor internetdiensten;
- Gevolgen van technologische ontwikkelingen voor beveiliging en privacy;
- Gevolgen ontwikkelingen voor communicatiebeleid.

Voor een goede uitvoering van de activiteiten van *Technology governance* is de volgende invoer nodig:

- Bedrijfsbeleid;
- Kennis van nieuwe technologieën en de mogelijkheden en mogelijke bedreigingen als gevolg daarvan.

6. HET STRATEGY DOMAIN

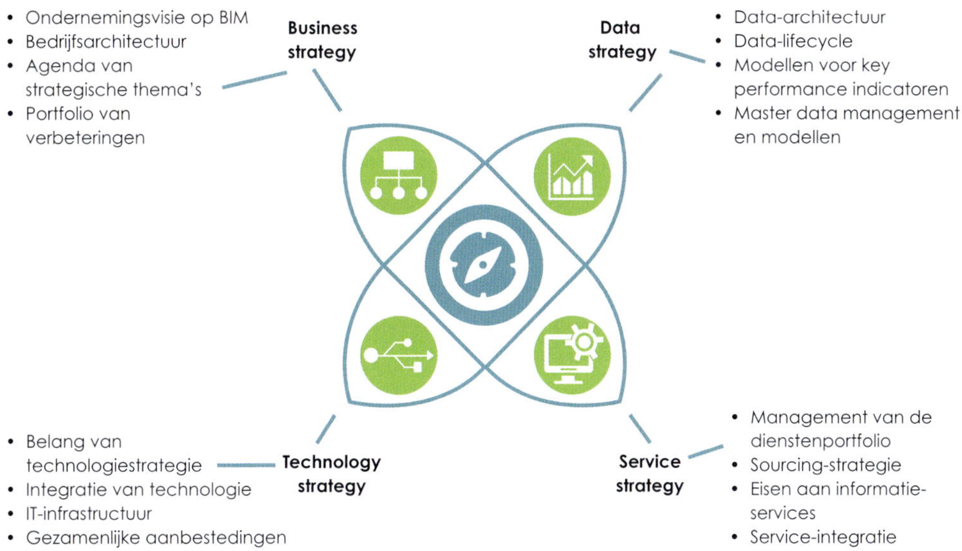

Figuur 6.1 Het Strategy domain

6.1 INLEIDING

Het doel van het *Strategy domain* is om het langetermijnbeleid van de organisatie, dat binnen *Governance* is vastgesteld, nader uit te werken tot een informatiestrategie, zodat de business-services passend worden ondersteund door de informatievoorziening. Hiertoe worden de ontwikkelingen binnen en rondom de organisatie vertaald naar de consequenties voor de informatievoorziening.

Wat is lange termijn?

In BiSL1 werd gesteld dat de lange termijn ongeveer 3 tot 5 jaar behelst. Kijken we vandaag de dag 5 jaar terug dan zijn we verbaasd over de ontwikkelingen die zich in die tijd hebben afgespeeld. Kunnen we dus überhaupt wel 5 jaar vooruit kijken? Met research naar een nieuw gevechtsvliegtuig, de aanzet voor de Joint Strike Fighter (F35), werd gestart in de jaren negentig van de vorige eeuw. Het eerste demonstratiemodel vloog in de zomer van 2016 over Nederland. De eerste leveringen vinden plaats in 2019. Voor een dergelijk project is 5 jaar zelfs een korte termijn. Maar in dezelfde tijd zijn er bedrijven en ontwikkelingen gestart, tot bloei gekomen en weer verdwenen. Denk in Nederland bijvoorbeeld aan Hyves, internationaal aan webbrowsers als Netscape Navigator en Mosaic. Bij dergelijke ontwikkelingen is het soms al moeilijk om een jaar vooruit te kijken.

In *Governance* is ook vastgesteld wie eigenaar is over welk deel van de informatievoorziening en wie dus kan beslissen.

Kerntaken van het *Strategy domain* zijn:

- Maak een strategische visie;
- Beslis over veranderprogramma's / projecten;
- Treed handelend op naar aanleiding van aan de strategie gerelateerde kwesties;
- Monitor strategische thema's.

Een strategische visie kan worden gezien als een blauwdruk voor verandering. Hierbij kan deze zich richten op een aantal gerelateerde (of soms niet-gerelateerde) wijzigingen, die worden gemanaged in het *Improvement domain*. De strategische visie moet vooral zijn gericht op de resultaten, die zijn vastgelegd in het beleid dat is gedefinieerd in *Governance*. De resultaten, oftewel de veranderingen die de organisatie of businessunit beoogt te bewerkstelligen, zijn er op gericht om de baten voor de organisatie en/of haar klanten of partners te verbeteren.

6.1.1 Informatiestrategie

De informatiestrategie is een afgeleide van de algemene organisatiestrategie en het informatiebeleid. In de informatiestrategie staat hoe de informatievoorziening een bijdrage moet en kan leveren aan de doelstellingen van de organisatie en wat dit betekent voor de activiteiten en producten van IT en BIM. De informatiestrategie is wezenlijke input voor *Improvement*.

Onderwerpen informatiestrategie

In een goed uitgewerkte informatiestrategie is aandacht voor de volgende onderwerpen:

- Een beschrijving van de gewenste informatievoorziening op langere termijn (afhankelijk van de organisatie kan dat zijn van ca. 1 tot 5 jaar);
- Een beschrijving van de huidige informatievoorziening en de gap tussen de huidige en de gewenste informatievoorziening;

- De activiteiten, wijzigingen en stappen met een structureel verbeteringskarakter om daar te komen;
- De impact voor de bestaande informatiesystemen en -services, de informatieketens en de processen rond de informatiesystemen en -services;
- Een inschatting van de kosten (ook op lange termijn), beoogde baten en een ruwe planning;
- De randvoorwaarden die moeten worden ingevuld om de strategie te kunnen realiseren.

BIM heeft daarom een belangrijke rol bij het opstellen van de informatiestrategie.

Op de wereld is hooguit plaats voor vijf computers
Thomas Watson, president IBM, 1943

BIM heeft geen directe verantwoordelijkheid bij interne organisatieveranderingen die zich richten op de manier waarop de organisatie wordt vormgegeven (zoals interne herstructurering of een verandering in de bedrijfscultuur). Toch moet BIM bij deze veranderingen worden betrokken en erop toezien dat dergelijke veranderingen de integriteit van de informatie in de organisatie niet nadelig beïnvloeden en in lijn zijn met het in *Governance* vastgestelde informatiebeleid.

Strategische aspecten
Bij het opstellen van een informatiestrategie moeten onder meer de volgende aspecten worden meegenomen:

- Business: in hoeverre de voorgenomen veranderingen invloed hebben op de gebruikers, informatieketenpartners en leveranciers;
- Politiek: welke invloed de veranderingen op de machtsstructuur binnen de organisatie en het imago van de organisatie kunnen hebben en of de veranderingen in lijn zijn met nationale en internationale regelgeving;
- Cultuur: of het voor het doorvoeren van de veranderingen nodig is dat het gedrag of de vaardigheden van medewerkers of klanten moeten veranderen;
- Technologie: wat er nodig is aan IT-middelen voor de verandering zelf, in hoeverre het beheer van de informatiesystemen moet veranderen en wat de eisen zijn aan de beveiliging.

Duivelse problemen
Tijdens het opstellen van de strategie kunnen zich 'duivelse problemen' voordoen: moeilijk te formuleren en op te lossen problemen die organisaties in hun greep houden. Deze problemen hebben vaak de volgende kenmerken:

- Elk probleem is in wezen uniek;
- Elk probleem maakt deel uit van een reeks van aan elkaar gerelateerde problemen;
- Er is geen eenduidige omschrijving van het probleem;
- Het is van meet af aan niet duidelijk welke benaderingen of technieken het meest geschikt zijn om het probleem aan te pakken;
- De aard van het probleem kan veranderen terwijl de organisatie bezig is met het oplossen ervan;
- Het is niet duidelijk wanneer het probleem is opgelost. Het oplossingsproces eindigt wanneer een deadline of een gebrek aan resources een einde aan het proces afdwingen. Heel vaak is er geen perfecte oplossing.

Ook BIM voldoet in zekere zin aan deze beschrijving. Er is geen template voor het uitvoeren van BIM. Er is geen specifieke organisatiestructuur die altijd kan worden toegepast. BIM heeft geen eindpunt en er is geen perfecte oplossing. Ook is er geen eenduidige beschrijving van BIM. Daarom moet er een strategie voor BIM worden opgesteld, voorzien van specifieke meetbare (verbeter)doelstellingen.

> Een organisatie opereert vrijwel altijd in een chaotische en steeds moeilijker voorspelbare wereld. Vrijwel alle problemen waar een organisatie mee wordt geconfronteerd kunnen in de reeks 'duivelse problemen' worden geschaard. Business managers zijn voortdurend bezig met het aftasten van de omgeving en de mensen waar ze mee werken of anderszins mee te maken hebben en proberen voortdurend zo te acteren dat de risico's die ze zouden kunnen lopen geminimaliseerd worden.
> Dit is volgens Van der Pols [2015] ook de belangrijkste oorzaak van de kloof tussen IT en business.

Fasen van strategieontwikkeling

Er zijn drie fasen te onderkennen bij strategieontwikkeling:

1. Businessanalyse: in detail kijken naar de problemen waarmee de organisatie en de informatievoorziening worden geconfronteerd, hoe de dingen op dit moment worden gedaan;
2. Besluitvorming: beslissen over de toekomst van de informatievoorziening van de onderneming en bepalen van de strategische thema's;
3. Strategische planning: omzetten van strategische thema's in mogelijke actieplannen op globaal niveau, prioriteren van voorgestelde acties en het uitvoerend management helpen bij het beslissen over hoe het beste kan worden verder gegaan.

BIM richt zich op het verbeteren van de wijze waarop informatie beschikbaar wordt gesteld en op de informatiesystemen en -services die worden gebruikt. Kwaliteit, integriteit en vertrouwelijkheid zijn even belangrijk als de beschikbaarheid van informatiesystemen en informatieservices. De in de derde fase ontwikkelde strategische planning vormt de noodzakelijke basis voor gedetailleerde planningen en implementatie. De gedetailleerde planningen beschrijven de benodigde activiteiten en middelen.

6.1.2 Architecturen

Een van de onderwerpen binnen *Strategy* is architectuur. Een aantal voor BIM relevante architecturen beschrijven we hieronder. De beschrijvingen zijn grotendeels gebaseerd op TOGAF, het framework voor architecturen van The Open Group. In de praktijk kan uiteraard ook van andere frameworks gebruik worden gemaakt.

Businessarchitectuur

De business- of bedrijfsarchitectuur gaat over de structuur en de samenhang van producten of diensten van het bedrijf, de processen waarmee die producten of diensten worden gemaakt dan wel geleverd en de organisatieonderdelen die deze processen uitvoeren. De bedrijfsprocessen kunnen bijvoorbeeld worden vastgelegd met de methodes BPM (Business process modelling), IDEF0 of IDEF3, waarin flowcharts kunnen worden uitgebeeld.

Ook het besturingsmodel, de stuurparameters en de meetparameters (KPI's) voor de processen maken deel uit van de businessarchitectuur.

Informatie(systeem)architectuur

De informatiearchitectuur (information systems architecture) van een organisatie beschrijft hoe op het hoogste niveau de functionele samenhang is tussen informatiesystemen, hoe deze nader wordt onderverdeeld in onderliggende informatiedomeinen en wat de relaties en koppelvlakken zijn tussen deze onderdelen. Daarmee beschrijft het ook het applicatielandschap. De informatiearchitectuur geeft tevens de relaties weer tussen de bedrijfsprocessen en de ondersteunende informatiesystemen. Ook wordt aandacht besteed aan kenmerken als investeringswaarde, status, belang, kwaliteit, sterkten en zwakten van de diverse onderdelen.

De informatiearchitectuur is gerelateerd aan bedrijfsbeleid, informatiebeleid en technologiebeleid. Onderdelen van de informatiearchitectuur zijn de data-architectuur (zie Data strategy) en de applicatiearchitectuur. Hoe de applicaties aan elkaar gerelateerd zijn wordt op logisch niveau beschreven binnen BIM. Voor de beschrijving van de technische samenhang tussen de applicaties en de wijze waarop de individuele applicaties zijn opgebouwd is IT verantwoordelijk.

Data-architectuur

De data-architectuur beschrijft de structuur van de logische en fysieke data binnen de organisatie en de hierbij behorende databronnen. Het is samen met de applicatiearchitectuur een onderdeel van de informatiearchitectuur.

Service-architectuur
De service-architectuur beschrijft welke informatieservices worden gebruikt en hoe deze onderling samenhangen en welke rol deze spelen in de bedrijfsactiviteiten en de business-services.
In deze architectuur is uiteraard aandacht voor de financiële aspecten van de services. Ook aan de niet-financiële baten moet aandacht worden besteed.

Applicatiearchitectuur
De applicatiearchitectuur beschrijft de individuele applicaties, de relatie tussen de applicaties en de relaties met de bedrijfsprocessen.

Technologiearchitectuur
De technologiearchitectuur beschrijft de logische software en hardware die nodig is ter ondersteuning van de business-, data- en applicatieservices. Dit omvat de IT-infrastructuur, middleware, netwerken, communicatie, verwerking, standaarden, programmeertalen, etc.

De technologiearchitectuur wordt opgesteld door IT, de applicatiearchitectuur deels door IT (de technische opbouw en samenhang van de applicaties) en deels door BIM (de samenhang met de bedrijfsprocessen). De structuur van de fysieke databases die worden gebruikt in de informatiesystemen wordt opgesteld door IT. De businessarchitectuur is een verantwoordelijkheid van de business, maar BIM kan hierbij een grote rol spelen als de business grotendeels bepaald wordt door IT zoals bij banken en webshops.

De informatiearchitectuur en de logische data-architectuur worden opgesteld binnen het BIM-domein.

6.2 BUSINESS STRATEGY

Om een goede informatiestrategie te kunnen ontwikkelen moet duidelijk zijn wat de business-strategie inhoudt. Anderzijds kunnen nieuwe technologische mogelijkheden er ook toe leiden dat de business-strategie wordt aangepast. Denk hierbij aan het openen van een webwinkel ten koste van fysieke winkels.

Een taak voor BIM is erop toe te zien dat de baten die verband houden met een effectief beheer en een effectieve inzet van de informatiesystemen en -services aantoonbaar worden gerealiseerd. Daarbij moet wel in de gaten worden gehouden dat de baten in een juiste verhouding staan tot de kosten.

6.2.1 Onderwerpen Business strategy

Binnen het domeinperspectief *Business strategy* onderscheiden we de volgende vier onderwerpen:

- Organisatievisie op BIM;
- Businessarchitectuur;
- Agenda van strategische thema's;
- Portfolio van verbeteringen.

Organisatievisie op BIM

Voor elke organisatie is het noodzakelijk dat de informatie aansluit op de behoeften van de bedrijfsactiviteiten. Vandaag de dag worden de gegevens die deze informatie opleveren voor het grootste deel verwerkt in informatiesystemen. Nog steeds is het op elkaar afstemmen of integreren van business en IT een pijnpunt bij veel organisaties. Een ieder die binnen BIM werkzaam is, ondersteunt organisaties en managers bij deze afstemming. BIM heeft dus een belangrijke rol ineen organisatie. Daarom is een organisatievisie op de rol en plaats van BIM in elke organisatie een vereiste.

Even belangrijk is het om in de visie op BIM duidelijk vast te stellen hoe het werk van BIM wordt georganiseerd. Wordt het centraal of decentraal uitgevoerd? Heeft BIM enig mandaat om zelf beslissingen aangaande de informatievoorziening te nemen (bijvoorbeeld zelf kunnen besluiten over wijzigingen die minder dan een afgesproken bedrag kosten)? Hoe wordt de samenwerking met de gebruikersorganisatie en met de informatieketenpartners vormgegeven?
Een gegeven hierbij is dat BIM over het algemeen de lijnen van de macht van de organisatie volgt. Een businessmanager die verantwoordelijk is voor alle winst en verlies van zijn businessunit zal ook zelf de informatievoorziening willen aansturen.

Businessarchitectuur

De aanwezigheid van een businessarchitectuur is een voorwaarde voor het opstellen van andere architecturen, zoals een informatie-, applicatie- of technologie-architectuur. Het is echter in principe geen taak voor BIM om een businessarchitectuur op te zetten. Mocht de businessarchitectuur ontbreken dan is het zaak voor BIM om er bij de verantwoordelijken op aan te dringen dat de architectuur alsnog wordt opgesteld. Op basis van de businessarchitectuur kan door BIM een informatiearchitectuur worden opgesteld, waarin onder andere de data-architectuur (zie *Data strategy*) en het applicatielandschap is vastgelegd.

Agenda van strategische thema's

Veranderingen in de organisatie en de activiteiten van de organisatie hebben gevolgen voor de informatiebehoefte van de organisatie. Het gaat om ontwikkelingen in de bedrijfsprocessen, structuur van de organisatie, producten en/of diensten van de organisatie, informatieketenpartners en andere stakeholders.

Het is van belang voor BIM om een overzicht te hebben van de strategische thema's van de organisatie en inzicht te hebben in de impact daarvan op de informatiebehoeften en de informatiesystemen en -services. Met dit overzicht is vast te stellen welke onderdelen van de informatievoorziening nog relevant zijn, welke overbodig omdat ze niet meer beantwoorden aan de behoeften van de organisatie of welke mogelijk zelfs risicovol zijn bij gebruik vanwege de slechte kwaliteit.

Portfolio van verbeteringen

De informatiestrategie van een organisatie is gebaseerd op de business-strategie en op ontwikkelingen die zichtbaar zijn bij informatieketenpartners en ontwikkelingen op technologisch vlak. De informatiestrategie wordt in meer centraal gestuurde organisaties centraal opgesteld. In organisaties met meer zelfstandige eenheden stellen deze vaak een eigen informatiestrategie op. In dat laatste geval moeten de afzonderlijke strategieën nog samengesmeed worden tot een strategie voor de gehele organisatie, rekening houdend met de belangen van alle partijen.

Op basis van de informatiestrategie van de organisatie, die meestal een tijdspanne betreft die gelijk is aan die van de business-strategie, worden de informatieplannen voor het komende jaar (jaarplannen) opgesteld. Een businessmanager die volledig verantwoordelijk is voor de resultaten van zijn eigen businessunit stelt zelf een informatieplan op voor zijn businessunit. Het komt in de praktijk ook voor dat deze plannen vervolgens worden samengevoegd in een informatieplan voor de organisatie. Omdat de wereld steeds dynamischer wordt worden informatieplannen tegenwoordig meestal niet meer eens per jaar opgesteld maar worden de plannen regelmatig bijgesteld om in lijn te blijven met de business-strategie. Meer kortcyclische sturing is daarom steeds gebruikelijker.

In het informatieplan staan de hoofdpunten uit de informatiestrategie en de vertaling daarvan naar concrete acties en projecten. De plannen moeten goed op elkaar zijn afgestemd. Uiteraard moeten de gezamenlijke plannen het budget van de organisatie niet overschrijden. De bewaking hiervan en van de voortgang van de in de informatieplannen benoemde activiteiten ligt bij *Governance*. De jaarplannen voor de informatievoorziening zijn al uitgebreider behandeld in paragraaf 4.4.1, in het kader van de belangrijkste activiteiten die voortkomen uit de driver *Need*.

Ook in een agile omgeving is een jaarplan nog steeds een wezenlijk instrument. Het plan besteedt onder andere aandacht aan de budgettering van de thema's die het komend jaar aan de orde komen en de activiteiten die samenhangen met die thema's. Het is wel zo dat de exacte planning van de activiteiten niet van te voren vaststaat en dus nog niet in detail wordt opgenomen in het jaarplan.

Het structureel en eventueel methodisch opstellen en managen van de portfolio van gewenste veranderingen en vernieuwingen aan de informatievoorziening leidt ertoe dat de verbeteringen gericht en goed verspreid in de tijd kunnen worden doorgevoerd.

6.2.2 Activiteiten Business strategy

Binnen het domeinperspectief *Business strategy* onderscheiden we de volgende activiteiten:

- Ervoor zorgen dat een visie op BIM deel uitmaakt van de business-strategie (oftewel: ervoor zorgen dat BIM op de agenda van de directie staat);
- Zorgen voor een inrichting van BIM die aansluit bij de wensen en behoeften van de organisatie;
- Ontwikkelen van een informatiestrategie die de informatiebehoefte van elk businessonderdeel ondersteunt;
- Laten opstellen van een businessarchitectuur (als die er nog niet is), inclusief het businessmodel en de bedrijfsprocessen;
- Bepalen van de strategische thema's;
- Inventariseren van ontwikkelingen in de organisatie en bij informatieketenpartners;
- Afstemmen en afspraken maken met informatieketenpartners;
- Opstellen van een informatieplan per businessunit / informatiedomein:
  - Stel een volledige lijst op van programma's en projecten die gerelateerd zijn aan de bestaande en gewenste informatiesystemen en -services;
  - Bepaal de benodigde bedrijfs-, informatie- en technologische activiteiten en componenten;
  - Stel prioriteiten vast, aan de hand van verwachte waarde van de gewenste informatieservices versus de verwachte kosten;
  - Maak een overzicht van de risico's;
  - Stel een planning op voor het komende jaar;
  - Verkrijg goedkeuring van de passende managementniveaus.
- Bepalen van de portfolio van verbeteringen en vernieuwingen;
- Opstellen van een informatiearchitectuur.

6.2.3 Producten Business strategy

Het domeinperspectief *Business strategy* levert de volgende producten op:

- Informatiestrategie voor de organisatie;
- Informatieplannen (eventueel per businessunit);
- Overzicht van de strategische thema's in de organisatie en de impact daarvan op de informatievoorziening;
- Inzicht in de aansluiting van de informatievoorziening op de huidige en toekomstige informatiebehoefte van de organisatie;
- Informatiearchitectuur.

Voor een goede uitvoering van de activiteiten van *Business strategy* is de volgende invoer nodig:

- Missie en visie van de organisatie;
- Strategische thema's van de organisatie;
- Businessarchitectuur;
- Businessplan;
- Informatiebeleid.

6.3 DATA STRATEGY

Binnen het domeinperspectief *Data strategy* ligt de strategische focus op het organisatiebreed, dus door alle afdelingen of businessunits of - waar van toepassing - over de informatieketen heen, gebruik maken van dezelfde gemeenschappelijke gegevens en informatie. Inzicht in waar welke gegevens worden gebruikt is daarvoor een eerste vereiste. Dit laatste is ook van belang voor de bescherming van privacygevoelige gegevens.

Steeds meer organisaties begrijpen dat zij hun data niet alleen goed moeten beheren, maar dat deze data ook veel informatie kunnen geven over wensen en behoeften van hun klanten. Het onderzoeken van welke informatie verkregen kan worden uit de data, zonder privacy of andere eisen te schenden is ook een aspect van *Data strategy*. Daarnaast is een strategie voor de wijze van openbaarmaking van data die door de organisatie is verzameld en voor het gebruik van data die afkomstig is van buiten de organisatie goed om te hebben.

6.3.1 Onderwerpen Data strategy

Binnen het domeinperspectief *Data strategy* onderscheiden we de volgende vier onderwerpen:

- Data-architectuur;
- Data-lifecycle;
- Modellen voor Key performance indicatoren;
- Master data management en modellen.

Data – informatie – kennis
Data (gegevens) zijn ruwe feiten die op zichzelf geen betekenis hebben.
Informatie is data in een context. Het getal '18' zegt op zich weinig. Maar het wordt informatie als het duidelijk is dat het de leeftijd van een persoon is. Dat betekent dan dat deze persoon bijvoorbeeld mag stemmen en alcohol mag kopen.

Kennis is toegepaste data of informatie, zodat er een handeling mee kan worden verricht. De kassière weigert een klant van 17 om een blikje bier af te rekenen bij de supermarkt.

Data-architectuur

Zoals beschreven bij *Business strategy* beschrijft de informatiearchitectuur de samenhang tussen informatiesystemen en maakt de data-architectuur daar deel van uit.

De data-architectuur beschrijft de structuur van de logische en fysieke data binnen de organisatie en de hierbij behorende databronnen. Gegevens kunnen afkomstig zijn uit zeer diverse bronnen van binnen en buiten de organisatie. Van ketenpartners en van het internet. Het is een taak binnen BIM om de bronnen van de gegevens te identificeren en controleren om de algemene integriteit van de informatiesystemen tijdens het gebruik te waarborgen.

Data-lifecycle

Een data-lifecycle is iets anders dan een systeemontwikkelings-lifecycle. In figuur 6.2 is een generieke data-lifecycle weergegeven. Het begint met het verzamelen van data, vanuit welke bron dan ook, waarna deze worden vastgelegd en er wordt beslist over wat te doen met de data. Dit op basis van controle van de kwaliteit en de waarde van de data. De data worden gebruikt door de informatiesystemen, waarbij de wijze van opslag, het ophalen van data voor bijvoorbeeld berekeningen of rapportages, en de beveiliging van de data moeten zijn geregeld. De data kunnen ook worden verspreid naar bijvoorbeeld informatieketenpartners. Data die niet meer veel worden gebruikt kunnen worden gearchiveerd. Dat kan zijn in papieren of in digitale archieven. Uiteindelijk worden de data op een zeker moment verwijderd uit de (digitale of niet-digitale) bestanden en archieven, hoewel dat laatste in de hedendaagse IT behoorlijk lastig kan zijn. BIM is verantwoordelijk is voor de integriteit van de data die in de informatiesystemen worden gebruikt.

Modellen voor Key performance indicatoren

Key performance indicatoren (KPI's) zijn onder meer nodig om de baten van de (veranderingen in de) informatiesystemen en -services te kunnen meten. Dit kunnen financiële indicatoren zijn, maar vaak zijn de baten niet financieel en ook dan zijn KPI's nodig. Naast de financiële indicatoren moeten ook andere KPI's worden gedefinieerd, zoals kengetallen die organisaties verplicht moeten leveren aan de overheid en KPI's voor het meten van het succes van een nieuw product.

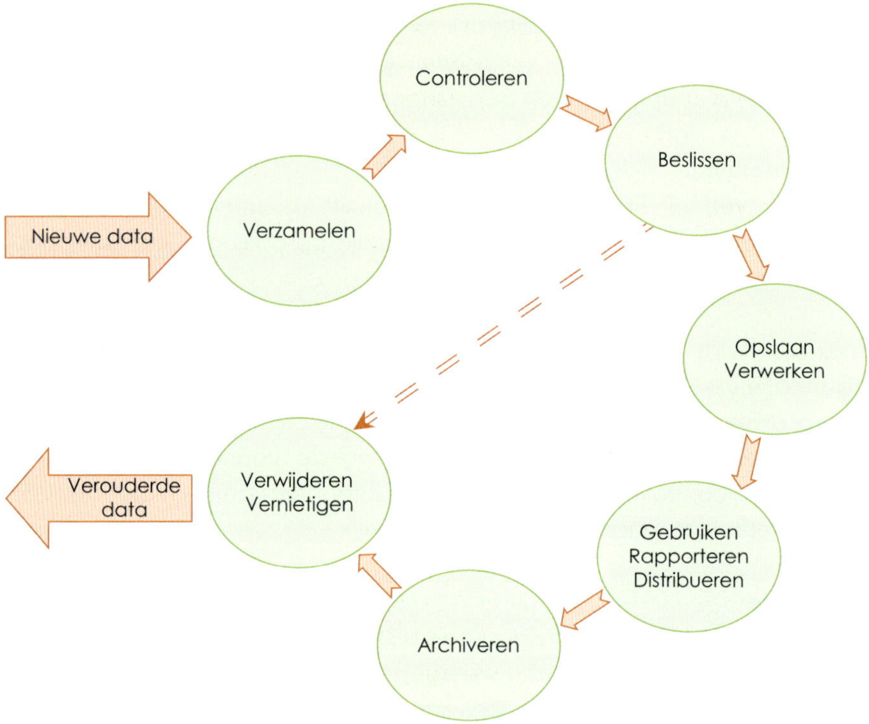

Figuur 6.2 De data-lifecycle

KPI's moeten gericht zijn op:

- Waarde (*Value*)– voegt wat we doen waarde toe?
- Kwaliteit – hoe goed doen we de juiste dingen?
- Performance – hoe snel doen we de juiste dingen?
- Compliance – in hoeverre doen we de juiste dingen op de juiste manier?

Master data management en modellen

Een onderdeel van de informatiearchitectuur is het bedrijfsinformatiemodel. Hierin is de structuur van de gegevens en de relaties tussen deze gegevens onderling vastgelegd. Dit bedrijfsinformatiemodel moet centraal worden opgesteld en beheerd.

BIM heeft ook als taak het opstellen van algemene richtlijnen voor onder andere het gebruik van gegevens. Binnen paragraaf 4.4.5 (over sturing) is hier aandacht aan besteed.

Naast het bedrijfsinformatiemodel waarin de masterdata zijn opgenomen wordt, doorgaans voor elk informatiesysteem, een datamodel met een data dictionary opgesteld dat in lijn moet zijn met het bedrijfsinformatiemodel. Dit gebeurt binnen *Improvement*. Hierin worden de voor het informatiesysteem relevante gegevens gedefinieerd en zijn de logische relaties vastgelegd tussen de gegevens die in het informatiesysteem worden gebruikt.

Overige aandachtspunten in de datastrategie

In de datastrategie moet ook aandacht worden gegeven aan hoe de organisatie om wil gaan met het openbaar maken van gegevens. Een voorbeeld is de keuze of de uitkomsten van inspecties door toezichthouders binnen de overheid al dan niet gedeeld worden met de burgers. Als in het beleid is vastgesteld dat deze gegevens openbaar moeten zijn is de vraag hoe je ze dan aanbiedt. Ook moet worden nagedacht over hoe wordt omgegaan met gegevens die van buiten komen. In hoeverre zijn deze betrouwbaar en voldoen ze aan de standaarden van de organisatie? Heeft een gegeven met dezelfde naam ook dezelfde definitie en kunnen deze gegevens dus met elkaar worden vergeleken? Daarnaast moet er worden nagedacht over de privacy van de gegevens in het kader van de binnen de EU geldende Algemene verordening gegevensbescherming (AVG).

Voorbeeld uit de praktijk

Als een consument op zoek is naar een boek op bekende websites als Amazon krijgt hij aanbevelingen voor andere boeken. Dit gebeurt doordat zijn interesse wordt gematcht met gegevens van klanten die vergelijkbare profielen hebben. Uiteraard om meer te kunnen verkopen. Dit had niet gekund als de verkoper alleen de adres- en factuurgegevens van de klanten zou bewaren.

Binnen *Governance* wordt vastgesteld of en wat de organisatie wil doen met het ontsluiten van de grote hoeveelheden data waar ze over beschikt. Hoe wordt omgegaan met big data is een onderwerp binnen *Data strategy*. Big data staat voor grote hoeveelheden ongestructureerde of weinig gestructureerde data waar bijvoorbeeld informatie uit kan worden gehaald die kan leiden tot nieuwe omzet voor de organisatie.

6.3.2 Activiteiten Data strategy

Binnen het domeinperspectief *Data strategy* onderscheiden we de volgende activiteiten:

- Opstellen van een datastrategie;
- Opstellen van een data-architectuur;
- Bepalen welke informatie gedeeld kan worden door meerdere bedrijfsonderdelen;
- Identificeren en controleren van de gegevensbronnen;
- Vaststellen KPI's en andere kengetallen voor monitoring van de informatiesystemen en -services en als basis voor rapportages;
- Opstellen van een bedrijfsinformatiemodel;
- Beheren van datamodellen; het bedrijfsinformatiemodel wordt centraal beheerd, waar het beheer ligt van de datamodellen die gekoppeld zijn aan een informatiesysteem hangt af van de aard en omvang van de organisatie; dit wordt hier vastgesteld.

6.3.3 Producten Data strategy

Het domeinperspectief *Data strategy* levert de volgende producten op:

- Bedrijfsinformatiemodel;
- Datastrategie;
- Data-architectuur;
- KPI's;
- Richtlijnen voor opslag en gebruik van gegevens;
- Rapportages over de aansluiting tussen de datamodellen en het bedrijfsinformatiemodel.

Voor een goede uitvoering van de activiteiten van *Data strategy* is de volgende invoer nodig:

- Missie en visie organisatie;
- Businessplan;
- Businessarchitectuur;
- Informatiebeleid.

6.4 SERVICE STRATEGY

Op basis van een analyse van de behoeften van de organisatie wordt vastgesteld welke informatievoorziening nodig is. Welke informatie is nodig, welke kan worden opgeleverd door geautomatiseerde informatiesystemen, waarvoor zijn standaardpakketten beschikbaar, welke diensten en producten kopen we in en bij wie, welke activiteiten voert BIM zelf uit? Dit zijn enkele vragen die in dit domeinperspectief aan de orde komen.

6.4.1 Onderwerpen Service strategy

Binnen het domeinperspectief *Service strategy* onderscheiden we de volgende vier onderwerpen:

- Management van de dienstenportfolio;
- Sourcing-strategie;
- Eisen aan informatieservices;
- Service-integratie.

Management van de dienstenportfolio

BIM zorgt voor een volledig overzicht van alle informatiesystemen en -services die in de organisatie gebruikt worden, dat is opgenomen in de binnen *Business strategy* opgestelde informatiearchitectuur. Hiermee kan in *Improvement* de impact van veranderingen in de systemen worden bepaald, zonder dat er iets wordt vergeten. Het overzicht van aanvullende services is onderwerp van *Service strategy*.

Op basis van een inventarisatie van de informatiebehoefte van de organisatie stelt BIM vast welke informatieservices nodig zijn. De benodigde en gewenste diensten worden vastgelegd in een dienstenportfolio van de organisatie. Op basis van IT-serviceportfolio's van (potentiële) IT-leveranciers, waarin is aangegeven wat zij kunnen leveren, stelt BIM vast wat kan worden ingekocht en waarin de organisatie zelf moet voorzien.

In *Service strategy* worden projecten beoordeeld op 'value for money', mede gebaseerd op kostenramingen uit de impactanalyse van BIM en IT. Op basis daarvan worden voorstellen gedaan en keuzes gemaakt voor de uit te voeren projecten.

Sourcing-strategie

Op basis van de eigen dienstenportfolio waarin de behoeften van de organisatie zijn vastgelegd en de IT-serviceportfolio's van de potentiële leveranciers wordt een keuze gemaakt voor welke leveranciers welke diensten mogen leveren. Er wordt vastgesteld welke IT-capabilities nodig zijn, wat extern wordt ingekocht, wat wordt uitbesteed, welke diensten door een interne IT-afdeling worden uitgevoerd en welke activiteiten BIM uitvoert. Daarnaast worden afspraken gemaakt over hoe met de geselecteerde leveranciers wordt samengewerkt.

Sourcing-strategie vraagt om een goed samenspel tussen de disciplines BIM en Inkoop. Waar BIM bewaakt dat ingekochte diensten voldoen aan de informatiebehoefte en de gewenste kwaliteitseisen bewaakt Inkoop dat contractafspraken helder zijn en tarieven marktconform.

Eisen aan informatieservices

Zoals gedefinieerd in paragraaf 1.2 is een informatieservice een dienst die wordt verleend op basis van een (deel van een) informatiesysteem die leidt tot de door een organisatie gewenste informatie. Over de eisen aan de informatieservices, wordt op strategisch niveau besloten door het management van de organisatie. Deze strategische beslissingen gaan onder andere over:

- Hoe worden informatieservices, en de onderliggende informatiesystemen, ontwikkeld of aangeschaft en welke rol speelt BIM hierin?
- Hoe moeten informatieservices worden beheerd en opgeleverd om ervoor te zorgen dat de beoogde baten voor de organisatie worden behaald?
- Hoe kunnen informatieservices bijdragen aan de bedrijfsactiviteiten van de organisatie en aan de ontwikkeling en levering van haar eigen producten en diensten?
- Hoe worden gewenste verbeteringen, veranderingen en ontwikkelingen in de informatieservices vastgesteld?

Het is van belang dat de organisatie goed in kaart heeft welke diensten zij van welke interne of externe partij afneemt.

Service-integratie

Vanwege de verdergaande specialisatie van leveranciers zien we dat elke organisatie te maken heeft met diverse IT-leveranciers die een deel van een gewenste dienst leveren. Waar de ene leverancier zich specialiseert op applicaties voor specifieke bedrijfsprocessen heeft de andere leverancier zich vooral gespecialiseerd op netwerken of werkplekken. Dit zorgt voor een veelheid aan leveranciers die nodig zijn om over de gewenste informatievoorziening te beschikken. Over het algemeen werken de leveranciers niet uit zichzelf samen. BIM moet erop toezien dat integratie van diensten zodanig plaatsvindt dat de organisatie maximaal wordt ondersteund en dus het meeste profijt haalt uit de individuele services van de leveranciers. Hiervoor zijn mogelijk extra contractafspraken nodig, of is het nodig om een van de leveranciers (of een andere leverancier) aan te wijzen en te contracteren als integrator.

6.4.2 Activiteiten Service strategy

Binnen het domeinperspectief *Service strategy* onderscheiden we de volgende activiteiten:

- Opstellen en beheren van de dienstenportfolio;
- Opstellen van een service-architectuur;
- Op basis van informatie van *Improvement* over de impact van veranderingen vaststellen welke projecten wanneer uitgevoerd gaan worden;
- Selecteren van gewenste leveranciers;
- Opstellen raamcontracten met de geselecteerde leveranciers;
- Beheren van de relatie met de leveranciers;
- Ervoor zorgen dat de sourcing-strategie aansluit bij de informatiebehoefte;
- Vaststellen wat de 'value for money' is van bestaande services en opstellen van criteria voor nieuwe of te wijzigen services;
- Ervoor zorgen dat er een overzicht van de services van de diverse leveranciers is om integratie hiervan eenvoudiger mogelijk te maken (betrek hier ook de eventuele informatieketenpartners bij);
- Zorgen voor duidelijke contracten met leveranciers waarbij heldere afspraken zijn over aanspreekpunten, in de vorm van bijvoorbeeld een Dossier afspraken en procedures (DAP) of een Service level agreement (SLA).

6.4.3 Producten Service strategy

Het domeinperspectief *Service strategy* levert de volgende producten op:

- Dienstenportfolio waarin de gewenste services van BIM en IT en de geleverde services zijn beschreven;
- Service-architectuur;
- Shortlist van wenselijke leveranciers;

- Raamcontracten met de geselecteerde leveranciers;
- Sourcing-strategie waarin onder andere is beschreven welke IT- en BIM-vaardigheden nodig zijn en hoe die worden geworven;
- Contracten en afspraken.

Voor een goede uitvoering van de activiteiten van *Service strategy* is de volgende invoer nodig:

- Business-strategie;
- Informatiestrategie;
- Producten-dienstencatalogi van leveranciers;
- Sourcing-beleid;
- Leveranciersbeleid.

6.5 TECHNOLOGY STRATEGY

Binnen *Technology strategy* worden keuzes gemaakt in de te gebruiken technologie. Onder technologie verstaan we niet alleen technische platforms maar ook applicaties en infrastructuur. Deze keuzes moeten passen binnen het in *Governance* vastgestelde beleid.
Omdat het hier technologie betreft is in dit domeinperspectief samenwerking met IT belangrijk. De business bepaalt welke functionaliteit nodig is. Voor de beslissing over hardware, databases en ontwikkelplatformen is de inbreng van IT nodig. Dit ook om te voorkomen dat er door de gebruikersorganisatie keuzes worden gemaakt als 'dat pakket van die leverancier', die mogelijk helemaal niet passen binnen de technologie- of de informatiearchitectuur van de organisatie.

Bij strategische beslissingen om nieuwe informatiesystemen te ontwikkelen of aan te schaffen moeten ook degenen worden betrokken die verantwoordelijk zijn voor de globale ontwerpprocessen en zij die de gevolgen van de beslissingen kunnen overzien in termen van investeringen en benodigde menscapaciteit. Wie de strategische beslissingen mag nemen hangt af van de aard en de inrichting van de organisatie. Soms hebben businessunits de vrijheid om eigen keuzes te maken als alleen hun eigen informatievoorziening wordt geraakt. Soms worden alle keuzes centraal gemaakt.

6.5.1 Onderwerpen Technology strategy

Binnen het domeinperspectief *Technology strategy* onderscheiden we de volgende vier onderwerpen:

- Belang van technologiestrategie;
- Integratie van technologie;
- IT-infrastructuur;
- Gezamenlijke aanbestedingen.

Belang van technologiestrategie

Uit de hedendaagse organisaties is technologie niet meer weg te denken. Veel organisaties zijn volledig afhankelijk van de ondersteuning door geautomatiseerde informatiesystemen. Een proactieve en vooruitziende IT-strategie stelt een organisatie in staat om veranderingen aan te brengen in de eigen business-services. Bij afwezigheid van een IT-strategie kan het zijn dat investeringen in technologie al heel snel hun waarde verliezen, dat onderhoudskosten heel hoog worden, dat de gebruikte technologieën niet op elkaar aansluiten, kortom dat de business niet optimaal kan functioneren.

Er moet worden bijgehouden welke nieuwe technologie er op de markt komt die mogelijk bruikbaar is voor de organisatie en welke door de organisatie gebruikte technologie verouderd is.

Voorbeeld uit de praktijk

In een gemeente heeft men de gewoonte om in het weekend de wifi op het gemeentehuis uit te zetten om te voorkomen dat ze gehackt kunnen worden. Tijdens een weekend doet zich een calamiteit voor. Er wordt een crisiscentrum opgezet voor de hulpdiensten, maar de hulpverleners kunnen de eerste uren niet met elkaar communiceren door het ontbreken van een signaal. De systeembeheerder moet opgetrommeld worden om de verbindingen te herstellen.

Integratie van technologie

Er moet een overzicht zijn van welke technologieën de organisatie gebruik maakt en de onderlinge samenhang daarvan. Dit is beschreven in de technologiearchitectuur.

Om de technologische mogelijkheden goed in te kunnen schatten moet BIM voldoende inzicht hebben in wat technisch haalbaar is en wat niet. Ook moet er inzicht zijn in de robuustheid van voorgestelde technologische oplossingen en in de kosten en baten ervan.

Technologische ontwikkelingen kunnen een risico of een kans vormen. De rol van BIM is om zich bewust te zijn van de ontwikkelingen en er voldoende inzicht in te hebben zodat potentieel nuttige technologische ontwikkelingen niet over het hoofd worden gezien. Ontwikkelingen op het gebied van de bij de organisatie in gebruik zijnde technologie worden gevolgd binnen Technology improvement. Technology strategy volgt nieuwe technologische ontwikkelingen in de markt. Daarnaast heeft BIM een rol in het onderkennen van de technologische risico's en het definiëren van mitigerende maatregelen.

IT-infrastructuur

Werd voorheen IT vooral gebruikt om processen te stroomlijnen of te versnellen, tegenwoordig zijn business en IT onlosmakelijk met elkaar verbonden. IT is meestal een onderdeel geworden van de business-services die een organisatie aan haar klanten levert. Een voorbeeld is het gebruik van de vele apps die geleverd worden, zoals de bankieren-apps.

Het ontwerp, de ontwikkeling en de werking van de technische infrastructuur zijn op zich de voornaamste zorg van de IT-dienstverleners, maar technologische keuzes hebben invloed op de informatievoorziening en daarom moet BIM actief zijn bij het kijken naar mogelijke nieuwe technologieën. Aan de andere kant moet worden voorkomen dat BIM zich intensief met de IT-infrastructuur bemoeit en zo een compleet ononderhoudbaar landschap veroorzaakt.

Overigens wordt IT ook nog steeds ingezet om processen te stroomlijnen. Voorbeelden zijn fusies waarbij de verschillende organisatieonderdelen van dezelfde IT gebruik gaan maken of implementaties van ERP-pakketten door de hele organisatie waardoor de onderdelen wel met elkaar moeten samenwerken.

Gezamenlijke aanbestedingen

Het is van belang om met leveranciers van technologie te onderhandelen over de prijs van hun diensten en producten om besparingen te realiseren. Daarom kan het interessant zijn om met andere organisaties samen te werken, zoals overheidsinstanties die al geruime tijd samenwerken bij de inkoop van IT-middelen.
Het komt ook regelmatig voor dat organisaties uit dezelfde branche gezamenlijk een leverancier opdracht geven voor de realisatie van een nieuw informatiesysteem. Goede afspraken en afstemming tussen de verschillende organisaties zijn dan van groot belang. In sommige gevallen richten de organisaties gezamenlijk een regie-organisatie op die zorgt voor een goed verloop van de aanbesteding.

6.5.2 Activiteiten Technology strategy

Binnen het domeinperspectief *Technology strategy* onderscheiden we de volgende activiteiten:

- Identificeren van nieuwe technologische ontwikkelingen;
  - In kaart brengen van de relevante technologische ontwikkelingen in de markt;
  - Informatie inwinnen bij IT-leveranciers over hun visie op ontwikkelingen;
- Bepalen van de impact van technologische ontwikkelingen op de informatievoorziening;
  - In kaart brengen van de kansen en bedreigingen voor de informatievoorziening;
  - Inventariseren van mogelijke kosten en eventuele baten van de veranderende technologie;
- Opstellen van een technologiestrategie;
- Overleggen met IT-leveranciers en informatieketenpartners om kostenbesparingen te realiseren;
  - Inventariseren van mogelijke schaalvoordelen op het terrein van de technologie.

6.5.3 Producten Technology strategy

Het domeinperspectief *Technology strategy* levert de volgende producten op:

- Overzicht van relevante technologische ontwikkelingen;
- Impact van technologische ontwikkelingen op de informatievoorziening;
- Technologiestrategie.

Voor een goede uitvoering van de activiteiten van *Technology strategy* is de volgende invoer nodig:

- Business-strategie;
- Technologiebeleid;
- Informatiestrategie;
- Overzicht van ontwikkelingen in de technologie die door de organisatie wordt gebruikt;
- Inzicht in marktontwikkelingen;
- Technologiearchitectuur.

7. HET IMPROVEMENT DOMAIN

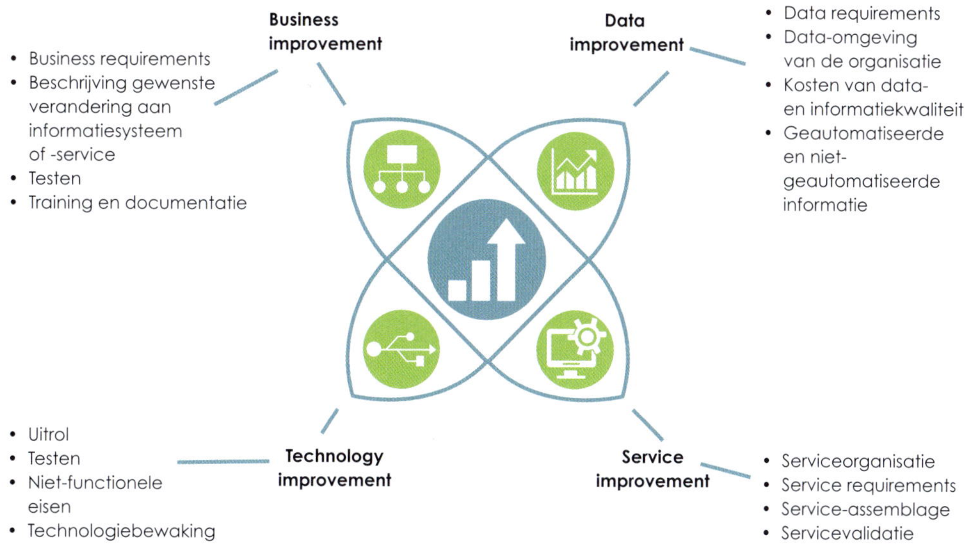

Figuur 7.1 Het Improvement domain

7.1 INLEIDING

Het doel van *Improvement* is het verbeteren van de business-services en de kosten van de business-services door betere informatieservices en informatiesystemen. Daarvoor zijn in het *Strategy domain* de informatieplannen vastgesteld en is de portfolio voor de veranderingen opgesteld. Ook verbeteringen gemeld vanuit het domein *Operation* worden in *Improvement* doorgevoerd.

De primaire focus van dit domein ligt op de wijze waarop de informatiesystemen en de daaraan gerelateerde diensten verbeterd kúnnen worden, en de wijze waarop dit daadwerkelijk gebeurt.

De aandachtspunten van dit domein liggen voor de hand, namelijk:

- Analyse en globale specificatie van de informatiebehoefte voor nieuwe informatiesystemen of voor afgesproken verbeteringen of veranderingen aan bestaande informatiesystemen; onderdeel hiervan is een haalbaarheidsonderzoek;
- Gedetailleerde specificatie van de informatiebehoefte in termen van functionaliteit, data en technologie;
- Indien van toepassing: pakketselectie, aan de hand van het verzamelen van de benodigde gegevens over de op de markt aangeboden pakketten;
- Goedkeuring van het ontwerp van het nieuwe informatiesysteem;
- Ontwikkelen van de niet-geautomatiseerde delen van de informatiesystemen (handleidingen, formulieren, procedures, etc.);
- (Acceptatie)testen en overdracht naar productie en ingebruikname.

Bij het aanbrengen van verbeteringen in de informatievoorziening moet BIM ervoor zorgen dat:

- De nieuwe of aangepaste informatieservices voldoen aan de doelstellingen van de organisatie (*Mission*);
- De voordelen voor de organisatie standaard worden geëvalueerd (*Value*);
- Continue dienstverlening wordt gewaarborgd door business continuity management en niet alleen door calamiteitenplannen van IT.

7.1.1 De activiteiten van het Improvement domain

In het *Improvement domain* zien we activiteiten die een zekere volgordelijkheid hebben. Eerst beschrijf je wat er moet komen, als het opgeleverd is kun je testen en na goedkeuring kan het ingevoerd worden in de organisatie. Daarbij zijn in principe alle perspectieven van belang: een beschrijving waarin alleen iets staat over de functionaliteit en niets over de data is onvolledig. De werkwijze maakt niet uit, waterval of Agile, het is allemaal toepasbaar binnen BiSL. In hoofdstuk 9 werken we dit verder uit.

De drie kernactiviteiten zijn:

- Requirementsanalyse en –specificatie;
- Ontwerp van de gewenste verandering aan de informatievoorziening;
- Transitie: voorbereiden en doorvoeren van de gewenste wijziging.

7.1.2 Requirements

Om een informatiesysteem te (laten) ontwikkelen of aan te passen zijn requirements, ook wel specificaties genoemd, nodig. Er zijn verschillende typen requirements. De in dit boek genoemde zijn hieronder beschreven.

Requirements kunnen met verschillende methodieken worden beschreven. Een aantal bekende en tegenwoordig veel gebruikte technieken zijn: user stories (Agile), use cases en UML (unified modeling language). En uiteraard zijn er organisaties waar de requirements zijn beschreven in Excel-sheets of Word-documenten. Binnen BiSL is niet van belang welke techniek wordt toegepast, in principe kan elke techniek worden gebruikt. Van belang is wel dát de requirements zijn vastgelegd.

Business requirements

Een organisatie wil iets bereiken met een aanpassing aan een informatiesysteem dat in gebruik is of met een nieuw informatiesysteem. Bijvoorbeeld meer marge op een bepaald product van de organisatie, kostenverlaging door meer efficiency van bedrijfsprocessen, meer digitale contacten met de klanten. De business requirements beschrijven het 'waarom' en in globale termen het 'wat' van de gewenste verandering.

Belangrijk is dat een business requirement duidelijk is, 'SMART'[5] is opgesteld, een goede beschrijving geeft van het bedrijfsproces en van de gewenste wijzigingen op de ondersteunende informatiesystemen. Alleen maar aangeven in de requirements dat er kosten moeten worden bespaard is niet voldoende. Is het project dan geslaagd als er een besparing is van € 100,- per maand? Een goede business requirement zou zijn: "de maandelijkse kosten van afdeling X moeten met minimaal 15% worden verlaagd."

Functionele requirements

Functionele requirements geven een gedetailleerde beschrijving van het gewenste gedrag van de informatiesystemen. Ze zijn een nadere uitwerking van de business requirement. Ze geven aan welke functies het systeem moet hebben en wat deze functies moeten uitvoeren. De functionele requirements beschrijven dus het 'wat' in meer detail. Ze beschrijven zelfs een beetje het 'hoe' (hoe moet de user interface eruitzien). Niet hoe het werkt (technisch) maar wel hoe het moet werken gezien vanuit de gebruiker.

Aanvullende eisen aan de functionaliteit van de applicaties die bijvoorbeeld voortkomen uit eisen aan de toegankelijkheid voor bepaalde groepen mensen (bijvoorbeeld ondersteuning met audio voor blinden en slechtzienden, ondertiteling voor doven, papier voor mensen zonder internetaansluiting) zijn ook functionele requirements.

Niet-functionele requirements

Niet-functionele requirements zijn kwaliteitseisen die gesteld kunnen worden aan een informatiesysteem of informatieservice. Het gaat om zaken als betrouwbaarheid (doet het wat het moet doen, is het beschikbaar zoals afgesproken), bruikbaarheid (is het makkelijk te bedienen, worden gebruikersfouten voorkomen), performance of gedrag tijdens piektijden. Sommige niet-functionele requirements

5 SMART staat voor Specifiek, Meetbaar, Acceptabel, Realistisch, Tijdgebonden.

gelden voor alle informatiesystemen en -services binnen een organisatie, bijvoorbeeld wettelijke eisen aan de privacy.

Kwaliteitseisen in een internationale norm
De norm ISO/IEC 25010:2011 beschrijft kwaliteitskenmerken voor software (zowel voor productkwaliteit als voor kwaliteit tijdens gebruik). De norm kan worden gebruikt om de voor de organisatie belangrijkste kwaliteitseisen te identificeren en te beschrijven.
De kwaliteitseisen zijn onderverdeeld in kwaliteitsattributen. Zo kan de eis 'beveiligbaarheid' getoetst worden aan de hand van de attributen vertrouwelijkheid, integriteit, onweerlegbaarheid, verantwoording en authenticiteit.

Data requirements

Data requirements beschrijven welke gegevens van belang zijn voor de organisatie en aan welke eisen die moeten voldoen. Deze eisen kunnen zowel functioneel als niet-functioneel zijn. Een voorbeeld van een functionele data requirement is: ik wil adresgegevens van mijn klanten opslaan en de postcode moet een bestaande postcode zijn. Voorbeelden van niet-functionele data requirements zijn: de gegevens in het systeem mogen niet ouder zijn dan 1 dag of de gegevens moeten 24/7 benaderbaar zijn.

Service requirements

Naast de eisen die worden gesteld aan een informatiesysteem kunnen er ook eisen worden gesteld aan de dienstverlening rondom de informatiesystemen. Bijvoorbeeld eisen aan de openingstijden van de servicedesk van IT, de snelheid van oplossen van verstoringen of frequentie van rapportages over de dienstverlening. Deze eisen zijn veelal vastgelegd in een service level agreement (SLA, in Nederland ook wel dienstenniveau-overeenkomst (DNO) genoemd).

Constraints of beperkingen/randvoorwaarden

Constraints zijn randvoorwaarden die worden gesteld aan de data, het informatiesysteem of de ontwikkeling daarvan. Voorbeelden zijn: "de database moet van Oracle zijn"; "ons beleid is Microsoft tenzij. . ."; "het nieuwe systeem moet uiterlijk 1 januari opgeleverd zijn"; "de vernieuwing wordt als agile ontwikkeling, in scrumteams opgepakt".

Acceptatiecriteria of beheer requirements

Ook de beheerorganisatie stelt bepaalde criteria waaraan een informatieservice moet voldoen voordat ze deze in beheer kan nemen. Denk aan:

- Benodigde kennis voor het uitvoeren van beheer;
- Afspraken over taken en bevoegdheden;

- Voldoende capaciteit voor de uitvoering van het beheer;
- Beschikbaarheid van benodigde hulpmiddelen of tools.

7.2 BUSINESS IMPROVEMENT

Veranderingen in de informatievoorziening worden vooral aangebracht op verzoek van de gebruikersorganisatie. Men ziet nieuwe mogelijkheden voor producten of diensten, een snellere verwerking zodat de kwaliteit van een bestaande dienst omhoog gaat of een efficiëntere werking van het informatiesysteem zoals een logischer schermopbouw of minder klikken. Maar ook wijzigingen in wet- en regelgeving kunnen aan de basis van veranderingen liggen.

Het domeinperspectief *Business improvement* richt zich op deze verbeteringen en veranderingen en zorgt ervoor dat de eisen en wensen van de gebruikersorganisatie worden geïnventariseerd en dat de nieuwe of aangepaste informatiesystemen en -services voldoen aan deze eisen en wensen en effectief in gebruik kunnen worden genomen.

7.2.1 Onderwerpen Business improvement

Binnen het domeinperspectief *Business improvement* onderscheiden we de volgende vier onderwerpen:

- Business requirements;
- Beschrijving gewenste verandering aan informatiesysteem of -service;
- Testen;
- Training en documentatie.

Business requirements

Een wijziging of verbetering van de informatievoorziening start veelal met een wens of een wijzigingsverzoek van de gebruikersorganisatie voor het aanpassen van één of meer informatiesystemen en eindigt met de uitrol van een nieuwe versie ervan. BIM heeft de taak om te zorgen dat deze wensen of wijzigingsverzoeken worden uitgewerkt en beschreven. Dat begint met het opstellen van de business requirements. Van belang hierbij is uit te vinden wat de behoefte precies is, wat de aanleiding en het doel van het verzoek zijn. Niet zelden draagt de business zelf gelijk al een oplossing aan, en die oplossing is niet altijd afdoende en soms helemaal geen oplossing voor de vraag.

Praktijkvoorbeeld: wat is de vraag achter de vraag

Een gebruiker belt de functioneel beheerder met het verzoek om een rapport te laten bouwen. De gebruiker geeft aan welke gegevens hij erin wil hebben en vraagt of het wekelijks opgeleverd kan worden. De functioneel beheerder vraagt wat door om na te gaan of het

rapport het probleem van de gebruiker gaat oplossen. Tenslotte is het laten bouwen van een rapport door de externe IT-leverancier niet gratis. Na wat heen en weer vragen wordt duidelijk dat de gebruiker eigenlijk alleen wil weten wat de waarde in een specifiek veld in de database is.
De functioneel beheerder, die wat mogelijkheden voor raadplegen heeft, zoekt het op. Het antwoord blijkt voldoende. Het rapport is niet meer nodig.

Ook is het van belang voor elk wijzigingsverzoek, ook voor de kleine, vast te stellen wat de toegevoegde waarde (*Value*) is voor de organisatie. Ook hier geldt: als er geen toegevoegde waarde is, is er geen noodzaak om het uit te voeren.

In principe kunnen alle gebruikers een wijzigingsverzoek indienen. En niet alleen gebruikers, maar ook andere stakeholders zoals vertegenwoordigers van IT of informatieketenpartners, of functioneel beheerders van andere informatiesystemen. BIM dient zich ervan te vergewissen dat de systeemeigenaar van het informatiesysteem akkoord gaat met het voorgestelde verzoek. Ook moet BIM onderzoeken of het wijzigingsverzoek niet in strijd is met het beleid en de regels in de organisatie, zoals het beleid op het gebied van informatiebeveiliging en *Identity and Access Management*. Daarnaast is het op het werk van BIM van invloed of het gaat om een gewenste wijziging in een (semi)maatwerksysteem of dat het gaat om het oplossen van een probleem met een standaardpakket. Zo zal Microsoft niet snel een verzoek van één enkele eindgebruikersorganisatie tot het veranderen van de schermlayout van Outlook honoreren. Wanneer gebruik wordt gemaakt van public cloud-services zal BIM weer op een andere manier te werk moeten gaan.

Beschrijving gewenste verandering informatiesysteem of-service
De gewenste verandering van het informatiesysteem of de informatieservice kan vervolgens verder worden uitgewerkt. Dit betekent dat de functionele en een deel van de niet-functionele requirements worden opgesteld. Voor de laatste geldt dat dit de requirements vanuit businessperspectief betreffen, dus eisen aan de gebruikersvriendelijkheid of de gewenste performance.

Verder moet er aan het wijzigingsverzoek nog extra informatie worden toegevoegd. Minimaal gaat het om:

- Prioriteit – zoals de gebruikersorganisatie die aangeeft;
- Impact van de verandering op andere bedrijfsprocessen, informatiesystemen en -services;
- Verwachte baten van de aanpassing, of wel wat de toegevoegde waarde (value) is;
- Mogelijke standaardoplossingen.

Tip
Houd bij het bepalen van de verwachte baten van een aanpassing ook rekening met de grootte van de gebruikersgroep: een aanpassing met lage baten voor een grote groep kan wellicht toch gunstiger uitpakken dan een aanpassing met hoge baten voor een kleine groep.

Wel of geen standaardoplossing is een vraag die je je vooral stelt bij grote veranderingen aan de informatievoorziening, bijvoorbeeld een compleet nieuw informatiesysteem. Functioneel beheer heeft vooral te maken met de kleinere veranderingen aan de bestaande informatiesystemen. Maar ook dan blijft het raadzaam te onderzoeken of er een standaardoplossing is waarmee de gewenste verandering sneller en/of goedkoper bereikt kan worden.

Praktijkvoorbeeld: invoering IBAN
Sinds augustus 2014 is heel Europa overgegaan op IBAN (International Bank Account Number).
Dat betekende aanpassing van veel informatiesystemen, ook van systemen die mogelijk op de nominatie stonden om uitgefaseerd te worden.
Voor deze systemen kwamen er tools op de markt om bankrekeningnummers om te zetten naar IBAN. Tools die uiteraard ook toegepast konden worden als er andere redenen waren om het systeem niet aan te passen.

Op basis van de beschrijvingen van de gewenste aanpassingen wordt in geval van maatwerk door IT een ontwerp opgesteld waarin staat beschreven hoe zij invulling willen geven aan de vraag. Dit kan zijn vastgelegd in een uitgebreid functioneel ontwerp of in een notitie ter bespreking in een scrumteamoverleg (zie ook hoofdstuk 9) of het kan in de vorm van een gebouwd prototype zijn.
Het voorstel van IT wordt gevalideerd door BIM waarna de bouw kan plaatsvinden.

Als het gaat om een standaardpakket dienen de door de leverancier verstrekte handleidingen als input voor de validatieslag waarin wordt vastgesteld of de geboden oplossing voldoende tegemoet komt aan de wensen.

Testen
Als de wijzigingen zijn opgeleverd kan er worden getest. Hierbij volstaat het niet om alleen te kijken of het systeem goed werkt, dus functioneel doet wat het moet doen (de functionele acceptatietest, FAT), maar ook of het inpasbaar is in de processen in de organisatie en of de gebruikers er op een goede manier mee kunnen werken (de gebruikersacceptatietest, de GAT).

Dat betekent dat ook handleidingen, procedures en werkinstructies getest (of eigenlijk getoetst) moeten worden. Daarnaast moet de aansluiting tussen het door IT opgeleverde geautomatiseerde deel van het informatiesysteem en het niet-geautomatiseerde deel worden getest. Dit kun je bijvoorbeeld doen door een gebruiker het geautomatiseerde deel van het informatiesysteem te laten testen aan de hand van de aangepaste handleiding of werkinstructies. Ook moet BIM ander materiaal zoals trainingsmateriaal en implementatie- en transitieplannen toetsen op volledigheid en werkbaarheid.

Een organisatie wil apps of websites die bedoeld zijn voor de consumentenmarkt natuurlijk het liefst door de klanten, de werkelijke eindgebruikers, laten testen. Meestal gaat dit in overleg met de afdelingen Marketing of Communicatie, die bijvoorbeeld kunnen besluiten een eerste versie aan een selecte groep gebruikers ter beschikking te stellen.

Op basis van een acceptatietest kan decharge worden verleend aan de leverancier. Dit betekent dat het product dat is opgeleverd voldoet aan de requirements en de leverancier zijn werk dus in principe goed heeft gedaan. Dat betekent echter niet dat tijdens de uitrol of het eerste gebruik niet alsnog problemen aan het licht kunnen komen. Daarom is het goed om 'garantie'-afspraken te maken over de opgeleverde producten. Er kan ook voor worden gekozen om pas decharge te verlenen na een nazorg-periode.

Testen gebeurt meer en meer geautomatiseerd. Het levert veel tijdsvoordeel en dus kostenbesparing op. In omgevingen waar sprake is van *continuous delivery* (het mogelijk maken dat elke wijziging in productie gezet kan worden) of *continuous deployment* (het daadwerkelijk direct uitleveren naar productie van elke wijziging zonder handmatige tussenkomst) is geautomatiseerd testen een must. Binnen deze twee omgevingen is er alleen bij *continuous delivery* nog ruimte voor een acceptatietest waarbij de nieuwe versie van de applicatie wordt getest. Deze test is vooral nodig als de aanpassing onderdeel is van een groter geheel van informatieservices of onderdeel is van een keten. Dit betekent dus dat de testverantwoordelijkheden en testwerkzaamheden binnen BIM afhankelijk zijn van de methodiek die wordt gevolgd bij het aanbrengen van wijzigingen in de informatiesystemen. BIM moet daarom zeggenschap hebben in de door het ontwikkelteam te volgen werkwijze.

Training en documentatie

Om ervoor te zorgen dat het aangepaste informatiesysteem vanaf het begin de beoogde waarde oplevert voor de organisatie moeten de gebruikers goed zijn opgeleid. BIM is verantwoordelijk voor het opstellen van trainingen en trainingsmateriaal, het tijdig verzorgen van trainingen voor gebruikers en voor het beschikbaar stellen (en indien nodig opstellen) van documentatie en gebruikershandleidingen. Documentatie en gebruikershandleidingen kunnen zowel op

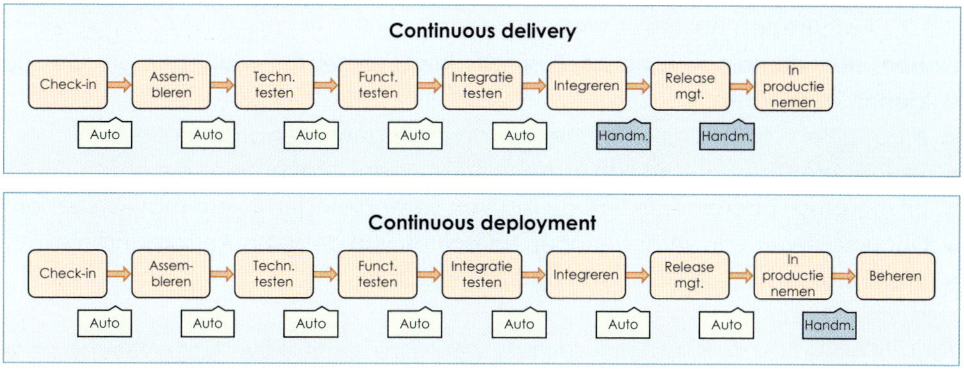

Figuur 7.2 Geautomatiseerd testen [Bron: Focus of Thought]

papier als online beschikbaar gesteld worden. Instructiefilmpjes kunnen ook deel uitmaken van de gebruikershandleiding.

Praktijkvoorbeelden training

Het volstaat niet om gebruikers alleen te leren omgaan met een informatiesysteem.

Een lokale overheid gaat zaakgericht werken en implementeert daarom een pakket dat dit ondersteunt. De gebruikers krijgen instructie hoe om te gaan met het pakket. Er wordt ze echter niet geleerd wat de nieuwe werkwijze inhoudt. Al snel komen er klachten over het pakket, want het ondersteunt de gebruikelijke, oude werkwijze niet.

Een productiebedrijf is onderverdeeld in de afdelingen verkoop, orderadministratie, financiën, productie en distributie. Alle afdelingen hebben eigen informatiesystemen. Men besluit over te stappen op een integraal systeem, dat het gehele proces vanaf order van de klant tot en met betaling van de klant ondersteunt. Met simulaties, die bovendien in gemengde groepen worden gehouden, krijgen de medewerkers eerst inzicht in de processen. Pas daarna krijgt men een op het eigen werk gerichte training in het nieuwe systeem.

Naast documentatie en gebruikershandleidingen zijn er mogelijk ook (aanpassingen in) formulieren, procedures en werkinstructies nodig. Ook het opstellen van deze documenten hoort tot de verantwoordelijkheden van BIM.

7.2.2 Activiteiten Business improvement

Binnen het domeinperspectief *Business improvement* onderscheiden we de volgende activiteiten:

- Afhandelen van wijzigingsverzoeken vanuit de gebruikersorganisatie;
- Specificeren/beschrijven van (aanpassingen aan) informatiesystemen;
- Uitvoeren en coördineren van de test van veranderingen in informatiesystemen;
- Documenteren van veranderingen en trainen van de gebruikersorganisatie;
- Voorbereiden en uitvoeren van de transitie (uitrol).

Zoals al gesteld in de inleiding maakt de werkwijze, waterval of Agile, voor de uit te voeren activiteiten niet uit. Ook in een Agile omgeving zul je deze activiteiten uitvoeren. Ook dan houd je een bepaalde volgorde aan, alleen verschilt de doorlooptijd, zijn de iteraties kleiner en is er meer overleg en samenwerking tussen business en IT.

Afhandelen van wijzigingsverzoeken vanuit de gebruikersorganisatie

Via diverse kanalen, zoals een gebruikersoverleg of in de vorm van een call komen verzoeken voor het aanbrengen van wijzigingen in de informatiesystemen bij BIM terecht. Dit zijn voor een groot deel wensen van gebruikers, waaronder het management van de organisatie, maar ook verplichte wijzigingen in wet- en regelgeving. Een wijziging in een informatiesysteem kan bijvoorbeeld behelzen dat een maatwerksysteem wordt aangepast of dat een ERP-pakket anders wordt ingeregeld of dat een ander standaardpakket wordt aangeschaft, aangevuld met alle wijzigingen in documentatie, data en procedures die daardoor noodzakelijk zijn geworden.

Zoals al gesteld, is het ook voor kleinere verzoeken van belang de waarde (*Value*) ervan voor de organisatie vast te stellen. Dit kan betekenen dat het enkele maanden kan duren voordat een ogenschijnlijk kleine wens wordt uitgevoerd. De waarde heeft een grote invloed op de prioriteit van een wijziging.

Het afhandelen van wijzigingsverzoeken kan op verschillende manieren plaatsvinden, afhankelijk van de werkwijze van de organisatie, maar bestaat in ieder geval uit de volgende stappen:

- Wensen verzamelen en deze registreren in een wijzigingenadministratie (dit kan een speciaal hiervoor geschikt tool zijn, maar ook een simpel spreadsheet);
- In overleg met de indiener verzoeken analyseren op noodzaak en urgentie (bij grootschalige wijzigingen kan dit vast worden gelegd in een haalbaarheidsonderzoek of vooronderzoek);
- Status van het verzoek terugkoppelen en, tijdens de uitvoering, tevens de voortgang van de wijziging;
- Besluitvorming voorbereiden en bewaken over de uitvoering van wijzigingsverzoeken en de samenstelling van releases en sprints (waarin meerder wijzigingsverzoeken zijn gecombineerd);

- Opdracht geven aan IT-leverancier(s) tot het aanbrengen van wijzigingen in de informatiesystemen.

Specificeren/beschrijven (van aanpassingen aan) informatiesysteem
De wijze waarop de veranderingen aan de informatiesystemen gespecificeerd worden is afhankelijk van de gebruikte werkwijze bij de organisatie. In ieder geval is het altijd van belang om van een wijzigingsverzoek vast te stellen wat de impact ervan kan zijn op mogelijke andere informatiesystemen, eventueel van informatie-ketenpartners, en op aspecten zoals informatiebeveiliging, andere bedrijfsprocessen, de gebruikersorganisatie en de ondersteunende processen van BIM en IT.
De volgende activiteiten gaan hiermee gepaard.

Beschrijven van (de aanpassingen aan) de informatievoorziening:
- Business requirements opstellen;
- Haalbaarheidsstudie uitvoeren;
- Informatieanalyse uitvoeren;
- Gedetailleerde requirements opstellen voor de gewenste functionele wijzigingen;
- Relatie tussen de geautomatiseerde en de niet-geautomatiseerde informatievoorziening bepalen, bijvoorbeeld tussen de applicatie en de werkprocedures;
- Omvang van de benodigde wijziging bepalen en de oplossingsruimte identificeren;

Bepalen van de impact:
- op de informatievoorziening;
- op andere bedrijfsprocessen, gebruikersorganisatie, andere organisaties en op de eigen BIM-organisatie;
- op de administratieve processen.

Valideren:
- Globale oplossingsrichtingen die zijn voorgesteld door IT en/of de business beoordelen;
- Uitkomst van de validatie van de voorgestelde oplossing goedkeuren / valideren van de voorgestelde oplossing;
- Ontwerp van de wijziging van het informatiesysteem beoordelen.

Wanneer een systeemontwikkelingsproject wordt aangepakt aan de hand van de watervalmethode worden haalbaarheidsstudie, opstellen business requirements en impactanalyse meestal uitgevoerd voor het gehele project. Daarna vinden pas de volgende stappen plaats, zoals het opstellen van gedetailleerde requirements. Bij een meer agile aanpak worden kleinere delen van het informatiesysteem iteratief ontwikkeld. Een grootschalige haalbaarheidsstudie vooraf wordt dan niet gedaan, per stukje te ontwikkelen functionaliteit wordt al doende gekeken wat de mogelijkheden en risico's ervan zijn. Op het verschil in aanpak wordt nader ingegaan in hoofdstuk 9.

Uitvoeren en coördineren test van aangepast of nieuw informatiesysteem

In relatie tot het testen worden de volgende activiteiten uitgevoerd binnen BIM:

- Teststrategie, testbeleid, testplan, testscripts (al dan niet geautomatiseerd) en testcases (testgevallen) voor de acceptatietest van het nieuwe/aangepaste informatiesysteem opstellen;
- Aangepaste documenten, inclusief documenten zoals implementatieplan en transitieplan, toetsen;
- Acceptatietest uit (laten) voeren van (de wijzigingen in) het geautomatiseerde deel van het informatiesysteem (applicatie, hardware);
- Aansluiting testen tussen het geautomatiseerde en het niet-geautomatiseerde deel van het informatiesysteem;
- Resultaten van de acceptatietest vastleggen en testverslag opstellen;
- Afhandeling van de bevindingen afstemmen met gebruikersorganisatie en leverancier;
- Goedkeuring geven aan het in gebruik nemen van de gewijzigde informatievoorziening (geautomatiseerd en niet-geautomatiseerd).

Documenteren van veranderingen en trainen van de gebruikersorganisatie

- Trainingsmateriaal (laten) opstellen;
- Opleidingen verzorgen voor nieuwe of aangepaste informatiesystemen;
- Documentatie beschikbaar stellen aan de gebruikers;
- Benodigde veranderingen in de werkprocessen vastleggen in een gebruikershandleiding, handboek, werkinstructies, formulieren e.d.

> Houd rekening met de afspraken in de organisatie over welke documentatie wordt gemaakt en de hoeveelheid documentatie. Documenteer alleen dat wat zinvol is.

Voorbereiden en uitvoeren transitie (uitrol)

Al dan niet naar aanleiding van door BIM geïnitieerde wijzigingen brengt IT nieuwe releases van informatiesystemen uit (zie ook onderwerp Uitrol in paragraaf 7.5 *Technology improvement*).

Niet alleen moet een nieuwe applicatie worden uitgerold, er moet ook voor worden gezorgd dat de gebruikersorganisatie en BIM zelf klaar zijn voor de ingebruikname van de aanpassingen.

Door deze transitie voor te bereiden en zoveel mogelijk activiteiten vooraf uit te voeren (communiceren over de aanpassing, opleiden van gebruikers etc.) kan de daadwerkelijke transitie snel en soepel verlopen.

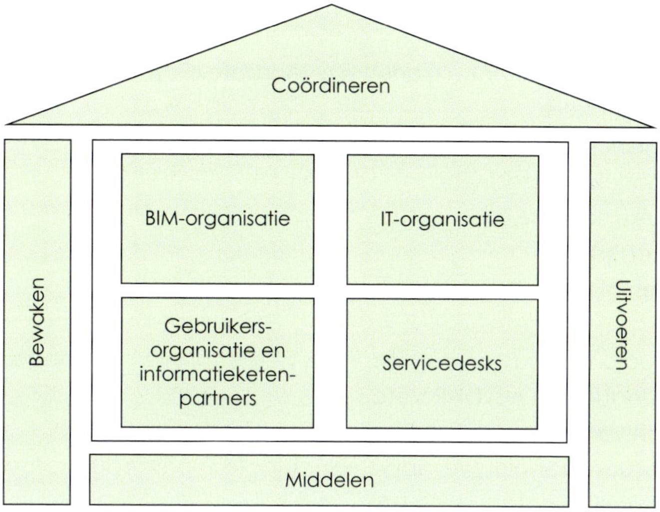

Figuur 7.2 Onderwerpen transitie

In het kader van het voorbereiden en uitvoeren van de transitie valt een groot aantal activiteiten onder auspiciën van BIM.

Hoe, met welke diepgang en frequentie deze taken worden uitgevoerd hangt natuurlijk af van de aard van het informatiesysteem. Als een organisatie meerdere keren per dag de producten of productcategorieën op haar site wijzigt en als daarvoor een nieuwe release van het informatiesysteem nodig zou zijn, dan wordt bijvoorbeeld niet elke keer gekeken of een SLA moet worden aangepast. Maar van tijd tot tijd zijn de genoemde activiteiten nodig, met welke systeemontwikkelaanpak er ook gewerkt wordt en wat voor type informatiesysteem het ook betreft.

De activiteiten zijn:

- Coördineren
  - Opstellen van een implementatieplan waarin alle activiteiten van de voorbereidende fase gepland zijn;
  - Opstellen van een draaiboek voor de feitelijke transitie (transitieplan) in afstemming met IT, gebruikersorganisatie, en eventuele informatieketenpartners;
  - Doorvoering bewaken van de veranderingen in de geautomatiseerde en niet-geautomatiseerde informatievoorziening;
  - De ingebruikname van het informatiesysteem bewaken en eventuele knelpunten die zich daarbij voordoen registreren;
  - Beslissingen nemen over afhandeling van opgetreden knelpunten;
  - Bewaken of alle voorbereidende werkzaamheden juist en volledig zijn uitgevoerd en afgerond;
  - Coördineren van de transitie.

- Bewaken
  - Zeker stellen dat alle betrokkenen zijn voorbereid op de verandering, zoals:
    - BIM-organisatie;
    - IT-leveranciers;
    - Informatieketenpartners;
    - Gebruikersorganisatie;
    - Servicedesks;
  - Vaststellen of aan alle acceptatiecriteria is voldaan.
- Uitvoeren
  - Indien nodig aanpassen van de in *Service improvement* opgestelde afspraken, procedures, SLA's, DAP's etc.;
  - Verzorgen van nazorgactiviteiten na transitie;
  - Ervoor zorgen dat nieuwe applicatieobjecten, procedures, formulieren, e.d. worden verspreid;
  - Ervoor zorgen dat verouderde applicatieobjecten, procedures, formulieren, e.d. niet langer toegankelijk zijn.

Voorbeeld uit de praktijk
Een school heeft een nieuw pakket voor het opstellen van roosters in gebruik genomen. De planners zijn getraind en er zijn tutorials beschikbaar. Tijdens het eerste gebruik doen zich echter wat problemen voor die meer van technische aard lijken te zijn. Onder andere de performance loopt al snel terug. Duidelijk een probleem voor de eigen IT-afdeling denken de planners. Daarom nemen ze contact op met de eigen helpdesk. Daar blijkt men helemaal niet af te weten van de ingebruikname van het nieuwe pakket. Het kost even wat tijd en frustratie voordat de melding in behandeling wordt genomen.

7.2.3 Producten Business improvement

Het domeinperspectief *Business improvement* levert de volgende producten op:

- Haalbaarheidsonderzoek en/of vooronderzoek;
- Informatie-analyserapport;
- Business requirements;
- Gedetailleerde functionele requirements;
- Opdracht aan IT voor doorvoeren wijzigingen in de informatiesystemen;
- Ontwerp niet-geautomatiseerde deel informatiesysteem;
- Beschrijving niet-geautomatiseerde deel informatiesysteem:
  - Procedures;
  - Handleidingen;
  - Formulieren;
  - Trainingsdocumentatie;

- Testdocumentatie zoals:
  - Testplan;
  - Testverslag;
  - Testscripts en testcases;
  - Test- en toetsresultaten;
- Implementatie- en transitieplan.

Zoals eerder opgemerkt is de mate van detaillering van deze producten en het tijdstip waarop ze worden geproduceerd afhankelijk van de gekozen ontwikkelmethode. Bij watervalsgewijs ontwikkelen worden doorgaans vooraf uitgebreide ontwerpen gemaakt terwijl bij een agile aanpak (zie ook hoofdstuk 9) deze documentatie vaak achteraf wordt gemaakt en wordt beperkt tot het minimum dat nodig is voor onderhoud van het informatiesysteem.
BiSL schrijft niet voor welke aanpak gevolgd moet worden, dat is namelijk situationeel afhankelijk.

Voor een goede uitvoering van de activiteiten van *Business improvement* is de volgende invoer nodig:

- Informatiebeleid;
- Informatieplannen;
- Informatie-architectuur;
- Informatiebehoefte;
- Wijzigingsverzoeken;
- Voorgestelde oplossingsrichting;
- Resultaten impactanalyse door IT;
- Ontwerp informatiesysteem;
- Documentatie aan te passen informatiesysteem;
- Testresultaten IT.

7.3 DATA IMPROVEMENT

Het domeinperspectief *Data improvement* gaat over het verbeteren van de kwaliteit van de gegevens en de informatie die door de informatiesystemen wordt opgeleverd. Het betreft zowel de gegevens die zijn vastgelegd in databases als gegevens die zijn vastgelegd in spreadsheets, op formulieren of in niet digitaal ontsloten archieven. Tijdens ontwikkeling en onderhoud van informatiesystemen is het waarborgen van de kwaliteit van de gegevens een belangrijk aandachtspunt. De kwaliteit van de gegevens kan ook aanleiding geven tot projecten of onderhoudsactiviteiten die specifiek zijn gericht op het verbeteren van de datakwaliteit.

Er zijn steeds meer gegevens beschikbaar in een organisatie. Deze gegevens kunnen veel waarde hebben voor een organisatie. Waarde die in toenemende mate wordt benut. Het ontwikkelen van een strategie om meer waarde te verkrijgen uit de aanwezige data is een onderwerp van het domein *Strategy*. *Data improvement* gaat over de uitvoering van deze projecten. Datawarehousing, toepassingen van kunstmatige intelligentie en Business intelligence zijn typische voorbeelden van het halen van waarde uit grote hoeveelheden gegevens.

7.3.1 Onderwerpen Data improvement

Binnen het domeinperspectief *Data improvement* onderscheiden we de volgende vier onderwerpen:

- Data requirements;
- Data-omgeving van de organisatie;
- Kosten van data- en informatiekwaliteit;
- Geautomatiseerde en niet-geautomatiseerde informatie.

Data requirements

In paragraaf 4.5.2 zijn we ingegaan op het belang van data voor een organisatie en hebben we een reeks kwaliteitscriteria benoemd, zoals actualiteit, integriteit en volledigheid. Binnen dit domeinperspectief worden de specifieke eisen vastgesteld aan de gegevens die in een bepaald informatiesysteem worden gebruikt. Hierbij is overleg met eventuele informatieketenpartners die van dezelfde gegevens gebruik maken onontbeerlijk. Naast normen voor de te hanteren kwaliteitscriteria (bijvoorbeeld: de gegevens die online staan mogen niet ouder zijn dan één dag) zijn ook afspraken nodig over het formaat van gegevens. Bijvoorbeeld de afspraak dat een tussenvoegsel van een naam altijd achter de achternaam wordt gezet (dus "Vries de" en niet "de Vries"). Bij het aanbrengen van veranderingen in de informatiesystemen moeten de eisen aan de gegevens vooraf worden vastgesteld en moet gedurende de wijziging worden gemonitord in hoeverre aan deze eisen wordt voldaan.

De eisen aan de gegevens die een rol spelen bij de ontwikkeling of aanpassing van een informatiesysteem worden vaak vastgelegd in een datamodel of een (logische, dat wil zeggen op functioneel niveau beschreven) data dictionary. Een data dictionary bevat een gedetailleerde uniforme beschrijving van alle *gegevenselementen* van een informatiesysteem. In ieder geval zijn hierin beschreven:

- De definities van alle gegevenselementen die deel uitmaken van de datastructuur;
- De datastructuur, oftewel de relaties tussen de gegevens;
- Gegevens over het gebruik van de data (wie mag welke data benaderen);
- Beperkingen en eisen aan het gebruik van de gegevens (bijvoorbeeld: een lid van de vereniging moet minimaal 18 jaar oud zijn; het veld waar een klacht kan worden ingevuld door een klant moet minstens 1000 karakters kunnen bevatten).

Data-omgeving van de organisatie

Onder de data-omgeving van een organisatie verstaan we het geheel van alle gegevens waarover een organisatie beschikt. Vandaag de dag zijn organisaties er doorgaans goed van doordrongen dat de kwaliteit van de gegevens cruciaal is voor het functioneren van de organisatie. In de ene organisatie wordt echter al meer aandacht besteed aan de kwaliteit van die gegevens dan in de andere. Verbeteren van de algehele datakwaliteit kan worden aangepakt door het identificeren en opzetten van programma's en projecten waarin wordt bepaald welke eisen worden gesteld aan de data-omgeving, hoe deze eruit moet zien en hoe deze omgeving tot stand komt.

Kosten van data- en informatiekwaliteit

Voor een organisatie is het van levensbelang dat de data en informatie waarover ze beschikt van een goede kwaliteit is. Daarbij is datakwaliteit wellicht nog eenvoudiger te beïnvloeden dan informatiekwaliteit: het eerste gaat puur over in bestanden opgeslagen gegevens, het tweede is mede afhankelijk van bijvoorbeeld interpretatie van gegevens door mensen en informatiesystemen.
Een goede kwaliteit van data en informatie komt niet vanzelf. Het kost inspanning, en dus geld, om ervoor te zorgen dat de kwaliteit van de data en de informatie die op basis van die data wordt gegenereerd, voldoet aan de behoeften van de organisatie. Over het algemeen is de verwachting dat hoe hoger de eisen zijn aan de kwaliteit van data en informatie, hoe hoger de kosten om daaraan te voldoen. Door het automatiseren van kwaliteitscontroles en het vooraf inbouwen hiervan in informatiesystemen kunnen veel kosten worden bespaard voor controle achteraf.

Voorbeelden van kwaliteitscontroles

Voorbeelden van geautomatiseerde kwaliteitscontroles zijn er legio. Een veel voorkomende is het gebruik van vaste dataformaten voor invoervelden van gegevens, bijvoorbeeld de postcode.
Ook koppeling van ingevoerde gegevens aan tabellen met vastgestelde gegevens komt veel voor. Bijvoorbeeld de koppeling van de ingevoerde postcode/huisnummer aan de postcodetabel. Dit zorgt ervoor dat alleen bestaande adressen worden ingevoerd en dat de schrijfwijze van straat- en plaatsnaam correct is.

De kosten die worden gemaakt voor het behalen van de gewenste data- en informatiekwaliteit versus de daarmee behaalde meerwaarde voor de organisatie vormen een meeteenheid voor de effectiviteit van de activiteiten in het kwaliteitsplan van BIM die gericht zijn op verbetering van de kwaliteit.

Niet alleen datakwaliteit en informatiekwaliteit kosten geld. Ook alle andere kwaliteitsverbeteringen kosten geld. Om te kunnen beoordelen of kwaliteitsplannen succes hebben gehad moeten gegevens worden verzameld die gerelateerd zijn aan de kosten van de informatievoorziening. Deze worden vastgelegd in de kwaliteitskostenparagraaf van het kwaliteitssysteem. Hierin wordt aandacht besteed aan:

- Wat de te verzamelen en analyseren kosten zijn die gerelateerd zijn aan de kwaliteit van de informatievoorziening;
- Rapportages over de kosten en een analyse van de trends in de kosten;
- De wijze waarop aan kwaliteit gerelateerde kosten worden toegewezen aan de verschillende onderdelen van de gebruikersorganisatie (de businessunits);
- Vergelijking met de andere kosten die gerelateerd zijn aan de informatievoorziening (dus de totale kwaliteitskosten versus de totale kosten voor de levering van informatie);
- Identificatie van de belangrijkste processen of middelen die de kwaliteit van de informatiesystemen en -services beïnvloeden;
- Analyse van deze processen en middelen om de indicatoren te selecteren die er, door ze te meten en aan de hand daarvan te sturen, voor zorgen dat de kwaliteit wordt gewaarborgd;
- De wijze waarop de indicatoren moeten worden gemeten, geëvalueerd en beïnvloed of bijgestuurd;
- De kwaliteitsmaatregelen en -middelen die moeten worden toegepast;
- Eisen aan de meet- en evaluatie-instrumenten.

Geautomatiseerde en niet-geautomatiseerde informatie

Tegenwoordig zijn heel veel data en informatie digitaal beschikbaar, denk bijvoorbeeld aan je eigen vakantiefoto's. Het is echter zinvol om een verschil te maken tussen de verschillende manieren waarop de informatie toegankelijk is.

Een deel van de data en informatie die in een organisatie wordt gebruikt is opgeslagen in databases en wordt verwerkt in de informatiesystemen. In veel organisaties is dat tegenwoordig het grootste deel. De informatiesystemen omvatten ook niet-geautomatiseerde onderdelen, zoals formulieren, procedures en handleidingen. En vergeet hierbij niet de grote papieren archieven die nog niet gedigitaliseerd zijn. Ook ingescande, maar verder niet toegankelijk gemaakte documenten beschouwen we als – weliswaar gedigitaliseerde – niet-geautomatiseerde informatie.

Al deze gegevens, geautomatiseerd en niet-geautomatiseerd, kunnen worden geraakt in een wijzigingentraject. De niet-geautomatiseerde informatiebronnen worden nogal eens vergeten bij het wijzigen. Met als gevolg dat de handleidingen niet meer actueel zijn en inderdaad niet meer geraadpleegd worden, gebruikers nog steeds de work-around blijven gebruiken terwijl er al lang verbeterde functionaliteit beschikbaar is, gebruikers fouten maken bij het gebruik van de applicaties of gegevens worden verzameld terwijl ze al in de archieven aanwezig waren.

Verder worden er nog altijd veel formulieren gebruikt. Voor effectief en efficiënt gebruik moeten de formulieren goed aansluiten op de applicaties. Niets is erger dan een lange vragenlijst die qua volgorde, of erger qua inhoud, niet aansluit bij de applicatie waarin de antwoorden ingevoerd moeten worden. Dit zorgt voor veel frustratie en tijdverlies bij de gebruiker.

Het is en blijft dus van belang om overzicht te hebben over de niet-geautomatiseerde informatie en hiermee rekening te houden bij de veranderingen aan informatiesystemen.

7.3.2 Activiteiten Data improvement

Binnen het domeinperspectief *Data improvement* onderscheiden we de volgende activiteiten:

Verbeteren datakwaliteit:

- Inventariseren en registreren van wensen en wijzigingsverzoeken voor verbetering van de datakwaliteit;
- Aandacht voor datakwaliteit inbouwen in opleidingen/trainingen;
- Identificeren en opzetten van programma's/projecten voor het oplossen van problemen gerelateerd aan data-inconsistentie of gegevenseigenaarschap en voor het verbeteren van de data- en informatiekwaliteit in het algemeen;
- Opstellen van algemene eisen waaraan data moeten voldoen;
- Kwaliteitsvereisten meenemen in het specificatieproces voor nieuwe/te wijzigen functionaliteit;
- Kwaliteitsvereisten meenemen bij het toetsen en testen;
- In kaart brengen van kosten en verwachte baten van projecten die het verbeteren van de datakwaliteit ten doel hebben.

Wijzigingen aan de informatiesystemen:

- Opstellen van specifieke eisen aan de data in het informatiesysteem;
- Aanpassen van het bedrijfsinformatiemodel;
- Opstellen of aanpassen van het datamodel en/of de data dictionary van het informatiesysteem, inclusief de metadata;
- Toetsen of de door IT aangeboden oplossing voldoet aan de eisen aan de data;
- Opstellen van eisen aan geautomatiseerde gegevensconversies;
- Toetsen of de niet-geautomatiseerde gegevens voldoen aan de eisen;
- Organiseren, coördineren en/of uitvoeren van eventuele handmatige gegevensconversies.

Opzetten kostenkwaliteitssysteem:

- Inventariseren van mogelijke kostenposten in relatie tot kwaliteit;
- Opstellen van de kwaliteitskostenparagraaf in het kwaliteitssysteem;
- Verzamelen en analyseren van kwaliteitskosten;
- Rapporteren over de gemaakte kosten, ook in relatie tot alle kosten, en de trends daarin.

7.3.3 Producten Data improvement

Het domeinperspectief *Data improvement* levert de volgende producten op:

- Data requirements;
- Aangepast (up-to-date) bedrijfsinformatiemodel;
- Geconverteerde gegevens;
- Nieuw of aangepast datamodel en/of data dictionary;
- Toetsresultaten;
- Kostenkwaliteitssysteem.

Voor een goede uitvoering van de activiteiten van Data improvement is de volgende invoer nodig:

- Business requirements;
- Eisen datakwaliteit;
- Bedrijfsinformatiemodel.

7.4 SERVICE IMPROVEMENT

Het managen van diensten komt in feite neer op het ervoor zorgen dat wordt voldaan aan de behoeften van de business door middel van een effectief management van vraag en aanbod. Om succesvol te zijn, moet BIM ervoor zorgen dat de informatieservices betrouwbaar zijn en waarde hebben. Verbetering van het ontwerp van de services wordt bereikt door nauw betrokken te zijn bij eventuele haalbaarheidsstudies en bij het opstellen van de business requirements. Het is alleen mogelijk om de informatiebehoeften precies te kennen na een goede analyse die niet afwijkt van de businessanalyse op strategisch niveau.

Het wijzigen van informatieservices houdt vaak tevens in dat informatiesystemen worden gewijzigd. Welke activiteiten daarbij aan de orde komen is beschreven bij *Business improvement*. We beperken ons in dit hoofdstuk tot de services rondom de informatiesystemen.

7.4.1 Onderwerpen Service improvement

Binnen het domeinperspectief *Service improvement* onderscheiden we de volgende vier onderwerpen:

- Serviceorganisatie;
- Service requirements;
- Service-assemblage;
- Servicevalidatie.

Serviceorganisatie
Om te komen tot de gewenste ondersteuning van eindgebruikers, zowel binnen als buiten de gebruikersorganisatie (klanten, burgers, consumenten, leveranciers, informatieketenpartners) moet er een serviceorganisatie zijn ingericht.

Het is een van de verantwoordelijkheden van BIM om te onderzoeken welke rollen er nodig zijn voor de ondersteuning van de gebruikersorganisatie en de communicatie en samenwerking met de informatieketenpartners en leveranciers. Dat betekent dat er procedures nodig zijn, afspraken gemaakt moeten worden en eventueel vastgelegd worden in service level agreements (SLA's) die in het domein *Service strategy* worden opgesteld.

Service requirements
De business requirements gaan over het algemeen in op de functionele en niet-functionele eisen aan de informatiesystemen. De eisen aan de services van IT en BIM (wanneer moeten de functioneel beheerders bereikbaar zijn, snelheid van reageren op vragen, etc.) dienen echter ook helder te zijn. In dit domeinperspectief worden de services nader gedefinieerd. Deze eisen kunnen vervolgens worden vastgelegd in bovengenoemde afspraken voor de serviceorganisatie en worden geformuleerd vanuit gebruikersperspectief.

Als er ook gebruikersgroepen buiten de organisatie zijn, moet vastgesteld worden of er mogelijk andere of aanvullende eisen aan de services zijn. Denk hierbij ook aan de eisen die gesteld kunnen worden door groepen als doven, slechtzienden, digibeten, anderstaligen etc. Voor slechtziende mensen voldoet een chatfunctie op de website niet altijd. Voor hen is ook de mogelijkheid tot telefonisch contact nodig.

Service-assemblage
Verbeteringen aan informatiesystemen of nieuwe informatiesystemen kunnen worden gekocht of worden gebouwd. Als de verbetering of vernieuwing bedoeld is voor een meer generiek proces (voorraadbeheer of salarisverwerking) dan is kopen meestal sneller en goedkoper. Voor processen waarmee de organisatie zich onderscheidt van de rest van de markt is een eigen systeem de moeite waard.

Bouwen kan intern gebeuren, of extern. Als er een interne IT-afdeling is met voldoende en juiste ontwikkelcapaciteit dan wordt de realisatie van de nieuwe applicatie of verbetering aan de applicatie meestal door deze afdeling gedaan, de zogenaamde gedwongen winkelnering. Mocht er toch een externe leverancier nodig zijn, bijvoorbeeld omdat de interne afdeling specifieke kennis ontbeert, dan worden de contacten en contracten veelal door de IT-afdeling gemaakt.

In andere gevallen moet men op zoek gaan naar een externe leverancier. Binnen de gebruikersorganisatie en BIM moeten dan wel de vaardigheden aanwezig zijn om een externe leverancier goed aan te sturen.

Het komt regelmatig voor dat een nieuwe business-service van de organisatie is opgebouwd uit een aantal onderliggende informatieservices van verschillende leveranciers. Deze moeten worden samengevoegd tot de dienst die de gebruikers ervaren. Hierin heeft BIM de eindverantwoordelijkheid.

Het bouwen en/of samenvoegen van diensten kan uiteraard op elke gewenste wijze plaatsvinden. Dus zowel agile, watervalsgewijs als op een andere manier.

Servicevalidatie
Elk ontwerp van een informatieservice moet gevalideerd worden: de te realiseren informatieservice moet uiteraard voldoen aan de wensen van de gebruikersorganisatie. Het onderwerp Testen in *Business improvement* zorgt voor de test van het informatiesysteem. Maar daarnaast moet de informatieservice ook gevalideerd worden aan de hand van de volgende criteria:

- Is alles wat moet worden geleverd daadwerkelijk geleverd?
- Zijn BIM- en IT-resources voldoende beschikbaar om te voldoen aan de serviceverplichtingen?
- Voldoet de service aan afgesproken en/of verplichte standaarden of gedragscodes?
- Is er voldoende informatie beschikbaar voor het succesvol in beheer nemen van de service door zowel IT als BIM?
- Is de informatie in voldoende mate beschikbaar voor de gebruikers?

7.4.2 Activiteiten Service improvement

Binnen het domeinperspectief *Service improvement* onderscheiden we de volgende activiteiten:

- Maken van serviceafspraken met IT-leveranciers en informatieketenpartners;
- (Laten) opstellen van SLA's en DAP's);
- Inrichten van de serviceorganisatie naar de gebruikers:
  - Opstellen van procedures en afspraken voor het afhandelen van calls, het onderhouden van communicatie met de gebruikersorganisatie, het indienen van wijzigingsverzoeken etc.;
  - Opstellen van procedures en afspraken voor uitvoering van BIM-activiteiten;
  - Vastleggen van de wijze van gegevensuitwisseling (ook met de informatieketenpartners);
- Opstellen van eisen aan de services van BIM en IT;
- Opdrachten geven aan IT-leverancier(s) tot het aanbrengen van veranderingen in de dienstverlening;

- Assembleren van diverse onderliggende services tot één informatieservice aan de gebruikers;
- Valideren van het ontwerp van nieuwe informatieservices.

7.4.3 Producten Service improvement

Het domeinperspectief *Service improvement* levert de volgende producten op:

- Service requirements;
- Opdrachten aan IT-leverancier(s) tot aanbrengen van veranderingen in de dienstverlening;
- Goedgekeurde SLA's en DAP's;
- Evaluatierapporten over de geleverde informatieservices;
- Passende BIM-dienstverlening, zo nodig vastgelegd in procedures, afspraken en werkinstructies;
- Operationele afspraken en procedures met IT en informatieketenpartners.

Voor een goede uitvoering van de activiteiten van *Service improvement* is de volgende invoer nodig:

- Gebruikte standaarden en gedragscodes;
- Kwaliteitseisen (niet-functionele eisen);
- Afspraken met informatieketenpartners.

7.5 TECHNOLOGY IMPROVEMENT

In de domeinen *Governance* en *Strategy* zijn vrijwel alle keuzes voor te gebruiken technologie gemaakt. In *Improvement* komt het er dus op aan om te zorgen dat de te gebruiken technologie aansluit bij de wensen en eisen zoals die in de domeinen *Governance* en *Strategy* zijn opgesteld.

Aandachtspunten binnen *Technology improvement* zijn het borgen van een goede aansluiting tussen de behoefte aan en de geleverde technische oplossingen en het ervoor zorgen dat bijvoorbeeld security updates tijdig worden uitgevoerd zonder verstoring van de business.

7.5.1 Onderwerpen Technology improvement

Binnen het domeinperspectief *Technology improvement* onderscheiden we de volgende vier onderwerpen:

- Uitrol;
- Niet-functionele eisen;
- Testen;
- Technologiebewaking.

Uitrol

Bij de uitrol van nieuwe of aangepaste informatieservices hebben zowel de leverancier, als BIM een rol. BIM moet zekerstellen dat alleen zowel door BIM als door de gebruikersorganisatie geteste en geaccepteerde (wijzigingen in) applicaties naar productie gaan.

Afstemming over het moment van uitrol is altijd nodig, niet alleen bij het gebruik van maatwerk maar ook bij gebruik van pakketten of cloud-oplossingen. Het mag niet gebeuren dat uitrol van nieuwe functionaliteit gebeurt zonder dat gebruikers geïnformeerd en geïnstrueerd zijn. Ook moet worden voorkomen dat mogelijke problemen bij de uitrol systeemuitval veroorzaken tijdens periodes die voor de organisatie toch al hectisch kunnen zijn. Zeker als het informatiesysteem onderdeel is van een informatieketen is er een rol voor BIM: met name de zorg voor overleg en afstemming met de informatieketenpartners over bijvoorbeeld tijdstip van uitrol.

Voorbeeld uit de praktijk

Tijdens een voor een commercieel bedrijf belangrijke periode met veel klantcontacten rolt de leverancier van de chat-applicatie (een cloud-oplossing) zonder iets af te stemmen een nieuwe versie uit. Daar zijn helaas wat problemen mee waardoor de organisatie slechter bereikbaar is voor haar klanten. Geen goed moment dus.

Een andere rol voor BIM is de zorg voor de transitie en ingebruikname van de nieuwe of aangepaste informatieservices, een onderdeel van *Business improvement*.

Niet-functionele eisen

Naast de functionele eisen die gesteld kunnen worden aan een informatieservice (wat moet het resultaat zijn) zijn er ook niet-functionele eisen. Te denken valt aan responsetijden, capaciteit, beschikbaarheid, aantal te verwerken transacties binnen een bepaalde tijd, aantal concurrent gebruikers.

Beschrijf deze eisen in meetbare termen. Dus niet "de response moet snel zijn", maar "de response mag per transactie maximaal 1,2 seconde duren". En stem in dit geval goed met de leverancier af wat deze verstaat onder een transactie! Stel deze eisen ook vooraf vast, samen met de functionele requirements.

Testen

Niet alleen de nieuwe functionaliteit moet worden getest. Er moet ook worden gewaarborgd dat de functionaliteit gebruikt kan worden, d.w.z. dat de benodigde platformen aanwezig zijn en functioneren. Als er bijvoorbeeld gebruik gemaakt wordt van een SaaS-oplossing (Software as a Service, zie ook paragraaf 9.5), functioneert de internetaansluiting dan naar behoren?

Deze testen zijn uiteraard vooral een verantwoordelijkheid van de IT-leverancier, intern dan wel extern, en zijn vaak bekend onder de termen exploitatietest of productietest. BIM dient zich ervan te vergewissen dat de leverancier voldoet aan de technische eisen.

Voorbeeld uit de praktijk
Een gemeente werkt met pakketten van verschillende leveranciers. Een van de leveranciers is met zijn pakket overgegaan naar een nieuwe Office 365 omgeving en wil dat de gemeente de release overneemt. Een andere leverancier kan zijn pakketten nog niet in die omgeving laten draaien. Uiteindelijk zijn er gezamenlijk afspraken gemaakt en heeft de eerste leverancier gewacht met het leveren van de nieuwe versie totdat het pakket van de tweede leverancier ook in de nieuwe omgeving werkt.

Technologiebewaking
BIM dient zich op de hoogte te houden van ontwikkelingen op het gebied van technologie en welke potentie een veranderende technologie kan hebben voor de organisatie. BIM houdt bij wat de impact is van veranderingen in de services van IT, waaronder bijvoorbeeld nieuwe versies van pakketten of het besturingssysteem van de werkplekken, op de organisatie, haar klanten, informatieketenpartners en andere leveranciers.

Beslissingen over het gebruik van (nieuwe) technologie worden in het domein *Strategy* genomen op basis van input vanuit *Improvement* en van andere inspanningen om op de hoogte te blijven van nieuwe ontwikkelingen op het gebied van technologie.

Binnen *Improvement* moet men vooral op de hoogte blijven van ontwikkelingen bij de in gebruik zijnde technologie en de bestaande leveranciers. Tot wanneer is ondersteuning gegarandeerd? Welke ontwikkelingen binnen de bestaande technologie bieden kansen? Welke ontwikkelingen of veranderingen bij de leverancier leveren een bedreiging op? De verhuizing van een server bijvoorbeeld lijkt op het eerste gezicht een geheel technische aangelegenheid maar kan wel degelijk impact hebben op de informatieservices.

Technologiebewaking kan via nieuwsbrieven, forums en/of gebruikersconferenties van leveranciers.

7.5.2 Activiteiten Technology improvement

Binnen het domeinperspectief *Technology improvement* onderscheiden we de volgende activiteiten:

Wijzigingsproces:
- Opstellen van niet-functionele eisen;
- Opstellen van eisen voor exploitatie, beheer en onderhoud van de data-omgeving;
- Opdracht geven aan IT voor de uitrol van nieuwe en/of aangepaste informatiesystemen.

Technologiebewaking:
- In kaart brengen van de huidige technologie;
- In kaart brengen van relevante technologische ontwikkelingen;
- Afstemmen met leveranciers over ontwikkelingen;
- Bepalen van de impact van de ontwikkelingen op de informatievoorziening;

Testen:
- Vaststellen of leveranciers van technologie voldoen aan de technische eisen.

7.5.3 Producten Technology improvement

Het domeinperspectief *Technology improvement* levert de volgende producten op:

- Niet-functionele eisen;
- Eisen aan exploitatie, beheer en onderhoud van de data-omgeving;
- Overzicht van de technologie die door de organisatie wordt gebruikt;
- Overzicht van ontwikkelingen in de technologie die door de organisatie wordt gebruikt;
- Impact van ontwikkelingen in gebruikte technologie;
- Opdracht voor de uitrol van nieuwe en/of aangepaste informatiesystemen.

Voor een goede uitvoering van de activiteiten van *Technology improvement* is de volgende invoer nodig:

- Informatie van IT over upgrades e.d.;
- Kengetallen aantallen gebruikers, transacties e.d.

8. HET OPERATION DOMAIN

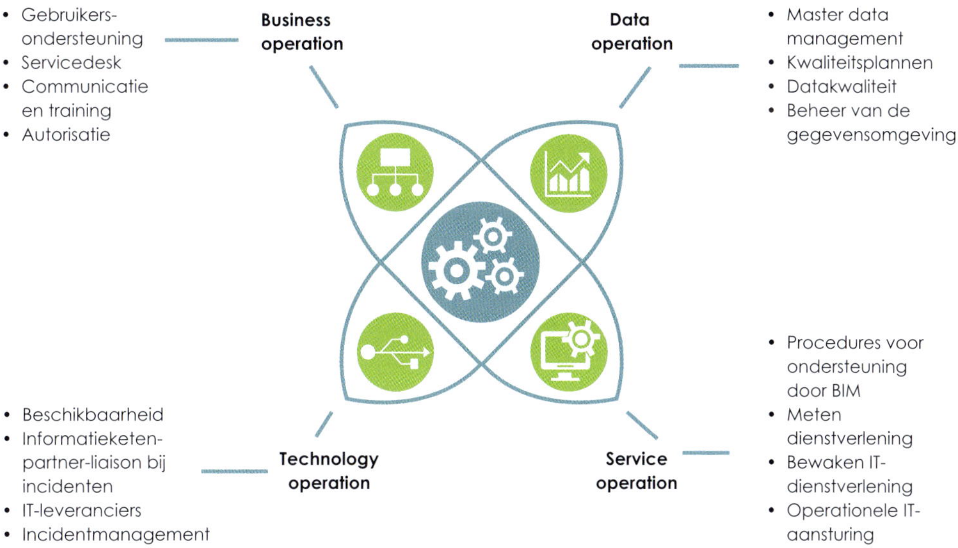

Figuur 8.1 Het Operation domain

8.1 INLEIDING

De focus van het *Operation domain* ligt op het gebruik van informatiesystemen. Het richt zich op een optimale en continue ondersteuning van de gebruikersorganisatie en van de bedrijfsprocessen door informatiesystemen en -services. De activiteiten binnen dit domein zorgen voor ondersteuning van gebruikers tijdens de uitvoering van hun bedrijfsactiviteiten, voor de dagelijkse aansturing van de leveranciers en voor (ondersteuning bij) het leveren en bewaken van operationele diensten.

In de domeinen *Governance*, *Strategy* en *Improvement* is de basis voor de informatievoorziening gelegd. Als dat op de juiste manier is gebeurd kan de organisatie haar doelen halen, ondersteund door de juiste informatievoorziening. De beslissingen en acties die zijn genomen, of juist niet genomen, in de andere domeinen hebben een grote invloed op de activiteiten binnen en de resultaten van het *Operation domain*. In *Operation* ziet men hoe de informatiesystemen in de dagelijkse praktijk werken en gebruikt worden en hoe goed, of slecht, ze aansluiten bij de wensen en eisen van de gebruikers. Oftewel hoe adequaat de informatiesystemen zijn.

De informatie die in het dagelijkse contact met gebruikers en leveranciers in dit domein verzameld wordt is essentieel voor de andere domeinen. Op basis van deze informatie kan worden besloten tot aanpassing van procedures en afspraken, contracten, systemen of beleid. De monitoring van de uitvoering van alle diensten, het gebruik van de informatiesystemen en de rapportage hierover zijn dus ook typische onderwerpen binnen dit domein.

8.2 BUSINESS OPERATION

De activiteiten in het domeinperspectief *Business operation* zijn erop gericht om ervoor te zorgen dat de gebruikers worden ondersteund bij het gebruik van de informatiesystemen en dat ze er ongestoord gebruik van kunnen maken. De combinatie van kennis over werkwijzen in de gebruikersorganisatie en de mogelijkheden van de informatiesystemen zorgt ervoor dat BIM kan zorgen voor een effectief en efficiënt gebruik van de informatievoorziening.

Het kennen en kunnen onderscheiden van de verschillende groepen gebruikers (binnen de gebruikersorganisatie, klanten van de organisatie, bij leveranciers en informatieketenpartners) zorgt ervoor dat de ondersteuning op de meest geëigende manier kan plaatsvinden. Als er sprake is van een kleine groep gebruikers binnen de eigen organisatie, die bovendien gehuisvest is in hetzelfde kantoor als de BIM-professional, is het mogelijk om even langs te gaan om iets uit te leggen. Maar als de gebruikersgroep bestaat uit duizenden consumenten is dat nagenoeg onmogelijk.

8.2.1 Onderwerpen Business operation

Binnen het domeinperspectief *Business operation* onderscheiden we de volgende vier onderwerpen:

- Gebruikersondersteuning;
- Servicedesk;
- Communicatie en training;
- Autorisatie.

Gebruikersondersteuning

De doelstelling van Gebruikersondersteuning is zorgen dat gebruikers optimaal gebruik kunnen maken van de informatiesystemen zodat bedrijfsdoelstellingen gehaald kunnen worden, en dat onvolkomenheden die dit in de weg staan worden geïdentificeerd, geregistreerd en opgelost.

Voor het goed uitvoeren van gebruikersondersteuning helpt het als BIM dicht bij de gebruikers staat. In veel organisaties maken functioneel beheerders dan ook deel uit van een gebruikersafdeling. BIM kan gebruikers alleen optimaal ondersteunen als de medewerkers van BIM zien en meebeleven wat de uitdagingen zijn voor de gebruikers, weten wanneer er piektijden zijn en aanvoelen hoe makkelijk of lastig het gebruik van de informatiesystemen is.

Servicedesk

De servicedesk is het loket waar gebruikers terecht kunnen met vragen over of problemen met de informatievoorziening. Het is eigenlijk de fysieke implementatie van gebruikersondersteuning.

Servicedesks of helpdesks komen op verschillende plaatsen in de organisatie en in verschillende vormen voor. Er kan een centrale servicedesk zijn, al dan niet als onderdeel van de IT-organisatie, waar alle vragen over en problemen met de informatievoorziening gemeld worden. Vaak handelt een centrale servicedesk een beperkt aantal standaardvragen en problemen af en zet de overige calls door naar andere afdelingen. Er kunnen ook verschillende servicedesks zijn voor de verschillende groepen gebruikers, bijvoorbeeld een klantencontactcenter voor de externe gebruikers (klanten) en een centrale servicedesk voor interne gebruikers. Het is ook mogelijk dat het indienen van meldingen decentraal is ingericht waarbij een businessafdeling een eigen aanspreekpunt heeft in de vorm van een loket bij functioneel beheer. In grote organisaties zie je de decentrale en de centrale vorm vaak naast elkaar.

In organisaties met gespecialiseerde BIM-afdelingen is het ook mogelijk dat de BIM-medewerkers op roulatiebasis het loket voor de gebruikers bemensen. Hiermee wordt bereikt dat de andere BIM-medewerkers ongestoord hun werk kunnen doen. Ook worden veel vragen op de business-afdelingen zelf afgehandeld, bijvoorbeeld door key-users.

Deze verschillende vormen van inrichting zijn niet goed of fout. Belangrijk is dat er gekozen wordt voor hetgeen goed past bij de organisatie en dat er heldere afspraken zijn, zowel voor de gebruikers als tussen de BIM-organisatie en IT. En dat gebruikers niet van het kastje naar de muur worden gestuurd als ze een probleem melden.

Calls

Binnen BiSL noemen we een melding van een gebruiker een call. Meestal zullen gebruikers een call indienen bij de servicedesk. Voor een gebruiker is elke call in principe een verzoek tot ondersteuning. Een gebruiker kan een call indienen omdat hij problemen ondervindt bij het werken met een informatiesysteem, omdat hij er een vraag over heeft, omdat hij extra autorisaties nodig heeft of een idee heeft voor een verbetering. In alle gevallen gaat het hier om verzoeken tot ondersteuning.

We onderscheiden de volgende soorten calls:

- Vraag: een vraag over de werking van een informatiesysteem, de invoering van een nieuwe release, de status van een eerdere call of elke andere vraag.
- Opdracht: een opdracht voor het autoriseren van een medewerker voor een bepaalde applicatie, een verzoek tot het opleveren van een ad hoc rapport of een verzoek tot levering van een nieuwe werkplek.
- Wens of wijzigingsverzoek: een verzoek tot wijziging van (de functionaliteit van) een informatiesysteem.
- Klacht: een klacht over de dienstverlening van IT of BIM.
- Verstoring: een storing in een applicatie of de IT-infrastructuur.

Calls kunnen ook worden gemeld door medewerkers van IT of van BIM zelf. Afhankelijk van de soort call en de inhoud van de call kan deze worden afgehandeld door BIM alleen of in samenwerking met IT.
Een vraag over het gebruik van een informatiesysteem ('welke code gebruiken we ook al weer voor oldtimers?') kan door BIM worden beantwoord. Een verstoring kan zijn veroorzaakt door een gebruikersfout en kan in dat geval vaak door BIM worden opgelost. Maar voor een verstoring als gevolg van een probleem in de software of in de hardware is de ondersteuning van IT noodzakelijk.
Heldere afspraken, vastgelegd in procedures, tussen BIM en IT zorgen voor een soepele overdracht en samenwerking en tijdige en duidelijke terugkoppeling aan de indiener.

Communicatie en training

Communicatie met de gebruikersorganisatie is een belangrijk onderwerp binnen *Business operation*. Uiteraard is er de reactieve communicatie over ingediende calls. Maar essentieel is ook de proactieve communicatie, hiermee kunnen juist veel calls worden voorkomen. Proactieve communicatie kan bijvoorbeeld gaan over nieuwe ontwikkelingen, veranderingen in de informatievoorziening en tips en trucs voor een beter gebruik van de informatiesystemen. BIM kan hiervoor gebruik maken van diverse media zoals mail, nieuwsbrief, internet en in toenemende mate blogs en vlogs.

Het verzorgen van trainingen zorgt voor een juist en optimaal gebruik van de informatiesystemen. Jaarlijks gaat in het bedrijfsleven veel geld verloren omdat gebruikers op een onjuiste manier gebruik maken van de applicaties of niet op de hoogte zijn van nieuwe of aangepaste functies en daarom nog steeds gebruik maken van onnodige work-arounds.

Monitoring van het gebruik van de informatiesystemen en analyse van de gestelde vragen levert veel informatie op, die als basis kan dienen voor extra trainingen of aanpassing van het instructiemateriaal en het opzetten van een kennisbank voor de servicedesk. Uit analyse van de vragen kan ook blijken dat bijvoorbeeld een bepaalde afdeling of gebruiker extra training nodig heeft. Het loont om soms gewoon naast een gebruiker te gaan zitten.

Autorisatie

Om bedrijfsprocessen soepel te laten verlopen moeten de juiste gebruikers op het juiste moment de beschikking hebben over de juiste informatie en gebruik kunnen maken van de juiste informatiesystemen.

In het domeinperspectief *Data governance* is het beleid opgesteld voor *Identity and Access Management*: welke rol, te vertalen in welke medewerker, heeft waar toegang toe en welke functies mag de medewerker gebruiken? Binnen het domeinperspectief *Business operation* krijgen medewerkers een of meerdere rollen en daarmee toegang tot (onderdelen van) de informatiesystemen.

8.2.2 Activiteiten Business operation

Binnen het domeinperspectief *Business operation* onderscheiden we de volgende activiteiten:

- Afhandelen van calls;
- In kaart brengen van gebruikers(groepen);
- Ondersteunen en trainen van gebruikers;
- Proactief informeren van gebruikers;
- Monitoren van de gebruikerstevredenheid en effectiviteit van informatiesystemen;
- Beheren van autorisaties.

Afhandelen van calls

Het afhandelen van calls betreft het gehele proces, vanaf het aannemen van een call tot en met het terugkoppelen van de uitkomst en afsluiten van de call. Tijdens dit proces is het mogelijk de call door te zetten naar een andere medewerker, omdat die bijvoorbeeld meer ervaring heeft met hetgeen in de call gevraagd is, of naar een andere partij, bijvoorbeeld naar IT omdat die expertise nodig is voor het afhandelen. Het is ook mogelijk dat er tijdens afhandeling andere activiteiten uitgevoerd moeten worden, zoals het beheren van autorisaties. In ieder geval moet de indiener tijdens de afhandeling op de hoogte gehouden worden van het verloop, zeker als dit langer lijkt te gaan duren dan verwacht wordt of afgesproken is. Hiermee voorkom je dat gebruikers ontevreden zijn over de dienstverlening ("als ik een call indien lijkt het wel of die in een bodemloze put valt"), zelfs als de afhandeling van calls als geheel langer duurt.

Het afhandelen van calls kent de volgende stappen:

- Aannemen en registreren van de call – dit kan op diverse manieren en is afhankelijk van de afspraken die gelden binnen de organisatie. Calls die in een persoonlijke mailbox of via de telefoon binnenkomen moeten worden overgezet naar een centraal systeem om te voorkomen dat de call blijft liggen bij afwezigheid van degene die de call heeft aangenomen.
- Beoordelen van en eventueel doorsturen van de call – niet iedere call kan worden afgehandeld door degene die hem aanneemt. In veel gevallen is expertise van anderen nodig. In dat geval wordt de call doorgezet naar een van de andere activiteiten (bijvoorbeeld bij een verzoek tot aanpassing van een autorisatie wordt deze doorgezet naar de medewerker die verantwoordelijk is voor het beheren van de autorisaties) of naar een andere medewerker of IT.
- Beantwoorden en afhandelen van de call.
- Terugkoppelen van de status van de call aan de indiener – zorg voor algemeen geaccepteerde afspraken over terugkoppeling en koppel terug volgens deze afspraken.
- Afsluiten van de call – zodra de indiener de afhandeling van de call heeft geaccepteerd kan de call gesloten worden.
- Rapporteren over calls en call-afhandeling – regelmatig rapporteren over de call-afhandeling is nodig om inzicht te krijgen over het verloop van het proces, de knelpunten daarin en de mogelijke verbeteringen.

In kaart brengen gebruikers(groepen)

Voor de optimale ondersteuning van gebruikers is het goed te weten hoe de gebruikerspopulatie er uitziet. Wie zijn de gebruikers, zijn het alleen medewerkers in de organisatie of ook daarbuiten bij informatieketenpartners of klanten, welke kennis hebben zij over de informatiesystemen, zijn er verschillende groepen met verschillende belangen te onderkennen, zijn er gebruikers met speciale behoeften (voor slechtzienden, beperkte toegang tot internet, etc.)?

Aspecten van gebruikers(groepen) die van belang zijn:

- Belang van het informatiesysteem voor het werk van de gebruiker: kan de gebruiker zijn werk alleen met het informatiesysteem doen? Of kan het desnoods tijdelijk handmatig, of op papier?
- De tijdsduur van het gebruik: maakt de gebruiker dagelijks gebruik van het informatiesysteem? En is dat dan de hele dag of hooguit een uur? Of maakt hij een enkele keer per maand gebruik van het systeem?
- Gemiddelde ervaring van de gebruiker binnen de organisatie: gaat het om een uitzendkracht die (nog) niet goed bekend is met de organisatie of iemand met jarenlange ervaring binnen de organisatie?
- Kennis van het ondersteunde bedrijfsproces: weet de gebruiker wat te doen, ook als het informatiesysteem niet werkt? Of zit alle kennis opgesloten in het systeem?
- Digivaardigheid: heeft de gebruiker al veel ervaring met IT? Of heeft hij veel uitleg nodig?

Voorbeeld uit de praktijk
In een organisatie is nog niet iedereen even digivaardig. Een medewerker moet een document in pdf-formaat op papier versturen, maar wel dubbelzijdig afgedrukt. De medewerker weet niet hoe dit voor een pdf in te stellen en drukt daarom het document enkelzijdig af, kopieert het vervolgens naar dubbelzijdig en verstuurt dat. De enkelzijdig geprinte vellen gaan door de papiervernietiger

- Taal: is de documentatie van het informatiesysteem in de moedertaal van de gebruiker, spreken de medewerkers op de servicedesk de moedertaal van de gebruiker?
- Fysieke locatie: kun je even langs lopen bij de gebruiker? Of zit deze in een ander gebouw, een andere stad of misschien zelfs een ander land?
- Tijdzone: als de gebruiker in een ander land is, is dat in dezelfde of in een andere tijdzone? Is er een tijdslot om face-to-face of via een chat-functie te overleggen of kan het eigenlijk alleen maar via mail?
- Cultuur: zijn de gebruikers gewend om direct vragen te stellen bij problemen of proberen ze het stellen van vragen zo liefst mogelijk vermijden? Geven ze makkelijk toe als ze het na een uitleg nog niet begrijpen?
- Lichamelijke beperkingen: is contact opnemen met de helpdesk via meerdere kanalen mogelijk - bijvoorbeeld niet alleen via een helpdesk-systeem maar ook telefonisch voor slechtzienden?
- De wijze waarop men gebruik maakt van het informatiesysteem: gebruikt men het systeem vooral op kantoor, op een desktop of laptop? Of vooral mobiel bij het werk in het veld?

Afbeelding 8.2 Waar is dan de 'Any key'?

Ondersteunen en trainen van gebruikers

Nieuwe medewerkers moeten worden ingewerkt. Ze moeten ook worden getraind in het gebruik van de informatiesystemen. Dit is een van de activiteiten van BIM, die ook vaak wordt uitgevoerd door collega's op de afdeling (vaak key-users of kerngebruikers genoemd). Als dat laatste het geval is, is het belangrijk er alert op te zijn of deze collega's zelf de informatiesystemen goed gebruiken. Anders loop je het risico dat onnodige work-arounds worden doorgegeven van medewerker op medewerker tot uiteindelijk niemand meer weet waarvoor de work-around oorspronkelijk bedoeld was en of die nog wel nodig is.

Trainingen kunnen op basis van e-learning, klassikaal of individueel op de werkplek zijn, of een combinatie hiervan.
Naast trainingen voor nieuwe gebruikers is het zinvol van tijd tot tijd extra instructie aan de gebruikers te geven, vooral als uit analyse van calls blijkt dat er over bepaalde informatiesystemen of bij bepaalde afdelingen te weinig kennis is.

De activiteit 'trainen van gebruikers' binnen het domeinperspectief *Business operation* is gericht op de bestaande informatiesystemen. Het geven van trainingen voor nieuwe of gewijzigde informatiesystemen is een activiteit van het domeinperspectief *Business improvement*.

Proactief informeren van gebruikers

Gebruikers moeten goed worden geïnformeerd over ontwikkelingen in de informatiesystemen waarvan zij gebruik maken. Bij deze activiteit gaat het niet alleen over reactieve communicatie, zoals een antwoord op een vraag van een gebruiker, maar vooral over proactieve communicatie. Proactieve communicatie is vooral gericht op het voorkomen van calls.

Een voorbeeld van proactieve communicatie is de melding van een internetprovider aan zijn klanten dat er in een bepaalde buurt op een bepaald tijdstip onderhoud aan het netwerk is waardoor de verbinding afwezig of langzamer kan zijn. Dit voorkomt allerlei belletjes van klanten en zorgt dat de klanten rekening houden met dit onderhoud en bijvoorbeeld gedurende die tijd niet uitgebreid gaan downloaden.

Deze vorm van communicatie kan op allerlei manieren plaatsvinden, bijvoorbeeld via mail, een nieuwsbrief of intern via het intranet. Ook het organiseren van een gebruikersoverleg of het inrichten van een gebruikersvereniging zijn vormen van proactieve communicatie.

Voorbeeld uit de praktijk

Het kan gebeuren dat (een deel van) het netwerk, inclusief het mailsysteem eruit ligt.
Om te voorkomen dat iedereen gaat bellen naar (of langslopen bij) beheer is de beste aanpak dat de gebruikers proactief worden benaderd. Bijvoorbeeld door het versturen van een sms, via WhatsApp-groepen, of desnoods door fysiek langs de kantoren te gaan (dit geeft meteen een mooie kans aan BIM om weer eens even met de gebruikers te praten).

Proactieve communicatie kan gaan over allerlei ontwikkelingen in de informatievoorziening, zoals tijdelijke of permanente wijzigingen in de beschikbaarheid van informatiesystemen, wijzigingen in procedures en tips en trucs voor het gebruik van de informatiesystemen.

Monitoren gebruikerstevredenheid en effectiviteit informatiesystemen

BIM monitort in de dagelijkse omgang met de gebruikers de tevredenheid over en de effectiviteit van de informatiesystemen. De resultaten van de monitoring kunnen leiden tot de identificatie van (potentiële) problemen of verbeteringen. Door de geïdentificeerde problemen als call in te dienen en af te handelen kan erger worden voorkomen.

Maar er hoeft niet altijd een probleem te zijn. Ook een goed lopend informatiesysteem kan verbeterd worden. Mogelijke verbeteringen die BIM identificeert tijdens de monitoring kunnen ook als call ingediend worden. Deze calls worden in het domein *Improvement* verder opgepakt en afgehandeld.

Beheren van autorisaties

Op basis van het vastgestelde beleid voor *Identity and Access Management* (*Governance*) stelt BIM autorisatieprofielen op. Deze autorisatieprofielen zijn de basis voor het verstrekken, aanpassen en/of intrekken van autorisaties. In het beleid staat tevens wie geautoriseerd zijn voor het indienen van verzoeken voor het verstrekken, aanpassen en/of intrekken van autorisaties van medewerkers. Dit kunnen namen van personen zijn, maar over het algemeen, en bij voorkeur, zullen dit rollen of functies zijn (bijvoorbeeld hoofd van de afdeling, systeemeigenaar). BIM legt vast, of ziet hierop toe, welke autorisaties aan welke medewerker zijn verleend. Op regelmatige basis controleert BIM of de autorisaties voor de informatiesystemen overeenkomen met de aangevraagde autorisaties. Afwijkingen worden gerapporteerd, volgens de afspraken in het beleid. Dit kan bijvoorbeeld zijn aan een security officer of de systeemeigenaar.

8.2.3 Producten Business operation

Het domeinperspectief *Business operation* levert de volgende producten op:

Calls:

- Call-registratie;
- Afgehandelde calls;
- Call-rapportage.

Communicatie:

- Gebruikersoverleg - op de agenda staat minimaal: lopende zaken, ingediende wijzigingsverzoeken;
- Informatie over gebruikers(groepen);
- Trainingen en trainingsmateriaal;
- Informatie over trainingen.

Autorisaties:

- Autorisatieprofielen;
- Overzicht van uitgegeven autorisaties;
- Afwijkingen van het autorisatiebeleid.

Rapportages:

- Geïdentificeerde problemen en verbeteringen;
- Rapportage van de gebruikerstevredenheid en effectiviteit van informatiesystemen.

We gaan wat dieper in op de inhoud van twee van deze producten, namelijk de call-registratie en de call-rapportage.

Call-registratie

De call-registratie heeft verschillende doelen, de belangrijkste zijn:

- Minder kans op vergeten of verdwijnen van calls;
- Overdraagbaarheid van calls naar anderen;
- Mogelijkheid tot analyse van calls; niet alleen voor de eigen kennisbank, maar ook als invoer voor de domeinen *Strategy* en *Improvement*;
- Inzicht in de werklast;
- Basis voor call-rapportage.

Hiervoor zijn minimaal de volgende gegevens nodig:

- Inhoud / beschrijving van de call;
- Naam en contactgegevens van de indiener;
- Naam en contactgegevens van de eigenaar van de call (wie is verantwoordelijk dat de call binnen gestelde afspraken wordt afgehandeld);
- Datums: ingediend, teruggekoppeld, afgehandeld;
- Voortgang;
- Afhankelijk van afspraken en aantallen calls aangevuld met minimaal prioriteit en soort call.

Welke calls wel en welke niet worden geregistreerd is afhankelijk van verschillende zaken zoals aard van de call en het aantal calls. Soms wordt ervoor gekozen om bepaalde typen vragen niet uitgebreid te registreren, bijvoorbeeld vragen waar direct met 'ja' of 'nee' op geantwoord kan worden omdat volledige registratie veel extra tijd kost en de informatie weinig meerwaarde heeft voor de organisatie. Soms wordt er dan wel geturfd. Het beleid hierover moet natuurlijk wel duidelijk zijn voor iedereen en door iedereen worden gevolgd.

Call-rapportage

De call-rapportage is een basis voor de rapportages over de uitvoering van BIM en de diensten van IT. Het geeft, net als de call-registratie, inzicht in de werklast. De cijfers zijn een basis voor de kengetallen waarmee benodigde capaciteit bepaald kan worden.

Daarvoor moet minimaal de volgende informatie in de rapportage staan:

- Aantal gemelde, afgehandelde en openstaande calls;
- Gemiddelde duur van afhandelen van calls in relatie tot de daarover gemaakte afspraken.

Daarnaast geeft de call-rapportage inzicht in de kwaliteit van de dienstverlening.

Voor een goede uitvoering van de activiteiten van *Business operation* is de volgende invoer nodig:

- Procedures en afspraken met gebruikers(groepen) en IT;
- Beleid voor *Identity and Access Management*;
- Informatie van IT over afhandeling van verstoringen, het verloop van storingen etc.

8.3 DATA OPERATION

Het domeinperspectief *Data operation* richt zich op het dagelijks gebruik van data en de zorg voor correcte data. Een groot deel van de in de informatiesystemen gebruikte data wordt door de gebruikers (of klanten) zelf ingevoerd en aangepast. Daarnaast zien we steeds meer uitwisseling van gegevens tussen informatieketenpartners. Voor een juiste uitvoering van de bedrijfsprocessen moeten deze data, zoals we al hebben gezien in paragraaf 4.5, correct zijn.

Het monitoren van de datakwaliteit, waarop in paragraaf 4.5 al is ingegaan, is dan ook een belangrijk onderwerp binnen *Data operation*. Daarnaast heeft BIM ook een rol in het beheer van de data. Niet alle gegevens worden ingevoerd door gebruikers of klanten, sommige invoer is voorbehouden aan een beperkte groep geautoriseerde medewerkers. Ook bij het zelf corrigeren of laten corrigeren van foute data speelt BIM een rol. En buiten de rapportages die met een bepaalde frequentie door een informatiesysteem opgeleverd worden hebben gebruikers ook vaak eenmalig behoefte aan bepaalde informatie.

Voor een goede invulling van *Data operation* is inzicht nodig in de gegevens die gebruikt worden in de in beheer zijnde informatiesystemen, overzicht van de gestelde kwaliteitseisen en hulpmiddelen om de data waar nodig te beheren en te controleren.

8.3.1 Onderwerpen Data operation

Binnen het domeinperspectief *Data operation* onderscheiden we de volgende vier onderwerpen:

- Master data management;
- Kwaliteitsplannen;
- Datakwaliteit;
- Beheer van de gegevensomgeving.

Master data management (MDM)

Ook binnen het domein *Operation* is MDM een onderwerp. In *Governance* zijn de eisen gesteld, in *Strategy* zijn de plannen opgesteld om dit beleid vorm te geven en in *Improvement* zijn de afspraken, procedures en eventuele systeemaanpassingen gedefinieerd en daadwerkelijk geïmplementeerd (zie paragraaf 7.3.1).
In *Operation* worden masterdata beheerd en onderhouden en wordt gemonitord of die masterdata die worden onderhouden door gebruikers, goed worden beheerd en onderhouden. Op deze activiteit wordt hierna, bij het onderwerp Datakwaliteit, nader ingegaan.

Een van de andere onderdelen van MDM is het beheer van een specifiek type masterdata: de stuurgegevens. Het wijzigen van stuurgegevens luistert erg nauw. Alleen al een verkeerd geplaatste komma in een standaard kortingspercentage kan verstrekkende gevolgen hebben en de organisatie in grote problemen brengen. Ditzelfde geldt ook voor stuurparameters die meegegeven worden aan verwerkingen en zorgen voor een net iets ander verloop van die verwerking (bijvoorbeeld de salarisverwerking met of zonder vakantiegeld). Daarom is het aanbrengen van deze wijzigingen voorbehouden aan een beperkte groep medewerkers, vaak binnen BIM, en zijn er verschillende procedures en afspraken om te zorgen voor correcte data. Een voorbeeld van een procedure is het 'vier ogen principe', waarbij een medewerker de data aanpast, een andere medewerker dit controleert en accordeert en pas daarna de data vrijgeeft.

Voorbeeld uit de praktijk
Een ziekenhuis stuurt de resultaten van een medisch onderzoek naar het adres van de onderzochte patiënt. Deze is echter al meer dan tien jaar daarvoor verhuisd en de resultaten komen terecht bij de nieuwe bewoners. Het ziekenhuis blijkt een fout te hebben gemaakt met het bijhouden van de adresgegevens van de patiënt.

Overigens had dit probleem voorkomen kunnen worden door gebruik te maken van de Basisregistratie Personen van de overheid.

Soms is aanpassing alleen mogelijk met speciale, door de IT-leverancier opgestelde scripts. Ook in dat geval is BIM verantwoordelijk voor een correcte wijziging van de gegevens. Hiervoor zal BIM het script moeten testen en formeel accepteren, voordat het wordt toegepast in productie.

Kwaliteitsplannen
De zorg voor kwaliteitsverbetering van enerzijds de in gebruik zijnde informatiesystemen en anderzijds de ondersteuning daarvan geleverd door IT en BIM is een aandachtspunt voor BIM. Hiervoor zijn in de eerste plaats gegevens nodig waarmee vastgesteld kan worden waar verbetering noodzakelijk is. Op basis van deze gegevens kunnen kwaliteitsplannen worden opgesteld. Binnen het domein *Improvement* kan gezorgd worden voor implementatie van deze plannen.

Welke gegevens (KPI's) moeten worden verzameld is vastgesteld in het domeinperspectief *Data strategy*. Het verzamelen van deze gegevens is onderwerp van het domeinperspectief *Data operation*.

Datakwaliteit
Het bewaken van de datakwaliteit in de informatiesystemen (zie paragraaf 4.5.2) vindt voor een groot deel geautomatiseerd plaats. Denk bijvoorbeeld aan de validaties bij het invullen van een postcode. Er vindt bij invoer direct controle plaats of het formaat (bij Nederlandse postcode: vier cijfers en twee letters) klopt en eventueel of de ingevoerde postcode een bestaande postcode is. Daarnaast zijn er in *Improvement* controlerapporten gemaakt en procedures en afspraken opgesteld voor verdere bewaking van de datakwaliteit.

In *Operation* wordt, met behulp van deze rapporten, procedures en afspraken, de datakwaliteit gemonitord. Afwijkingen kan BIM rapporteren aan de eigenaar van de data. Eventueel kan BIM ook een validatie voorstellen als blijkt dat een bepaald gegeven regelmatig (per ongeluk) fout wordt ingevoerd. Bij de invoer van een achternaam is het vaak de vraag waar een eventueel tussenvoegsel (de, van de, van der, etc.) moet staan. Achter of voor de naam? Of eventueel achter de voornaam? Het toevoegen van een apart veld voor het tussenvoegsel kan dit probleem wegnemen.

Een ander onderdeel van datakwaliteit is het aanpassen of laten aanpassen van incorrecte data in een productiesysteem. In sommige gevallen heeft BIM zelf de mogelijkheid om deze data aan te passen. Maar soms kan het alleen met een door IT ontwikkeld script. In dat geval is BIM verantwoordelijk voor de test en acceptatie van het script. Toegang tot productiegegevens moet altijd voorbehouden zijn aan geautoriseerde medewerkers binnen de organisatie en niet aan IT, zeker niet aan externe IT-leveranciers.

Voorbeeld uit de praktijk
Een klant heeft haar telefoonabonnement opgezegd wegens verhuizing. Een aantal maanden daarna doet de provider een aantal vruchteloze pogingen om haar te bereiken om een nieuw contract te verkopen. Hij gebruikte het oude telefoonnummer, want dat stond nog in een bestand met contactgegevens van de voormalige klanten.

Beheer van de gegevensomgeving
Voor een optimaal en adequaat beheer en exploitatie van de gegevensomgeving heeft IT informatie nodig. Het gaat hierbij om gegevens als aantal gebruikers, aantal transacties, verwachte responsetijden, beschikbaarheid en maximale downtime. Deze gegevens worden vastgesteld bij het opstellen van de requirements (in *Improvement*) en vaak ook vastgelegd in een SLA. Het beheer van deze gegevens ligt bij BIM.

Overigens komt het vaak genoeg voor dat er niets, of niet genoeg is vastgelegd over deze gegevens. Bij de invoer van het systeem is men uitgegaan van bepaalde aantallen en als BIM en IT niet weten wat die getallen waren en niet weten wat de groei is, kan dat problemen geven in de capaciteit en beschikbaarheid van het informatiesysteem. Het is dus van belang om deze gegevens alsnog te verzamelen en vast te leggen en te zorgen voor afspraken hierover.

8.3.2 Activiteiten Data operation

Binnen het domeinperspectief *Data operation* onderscheiden we de volgende activiteiten:

- Beheren en onderhouden van referentie- en masterdata;

- Corrigeren of laten corrigeren van incorrecte data;
- Verstrekken van informatie over gegevens;
- Definiëren en opstellen van ad hoc managementinformatie;
- Bewaken van en rapporteren over het gebruik en de kwaliteit (zoals correctheid en actualiteit) van de data en afwijkingen daarin signaleren;
- Beheren van de gegevensomgeving;
- Input leveren voor aanpassing van geautomatiseerde controlemaatregelen;
- (Massa-)updates van data uitvoeren of coördineren;
- Ondersteunen bij het gebruik van gegevens.

Tegenwoordig ziet men dat veel van deze activiteiten belegd zijn bij speciale afdelingen of bij gegevensbeheerders (data stewards).

Beheren en onderhouden referentie- en masterdata
Alle masterdata en referentiedata moeten worden beheerd en onderhouden. Dat geldt ook voor een speciaal type masterdata: de stuurgegevens. Daar waar de meeste masterdata onderhouden worden door de eindgebruikers, worden stuurgegevens meestal alleen onderhouden door BIM.
Het beheren en onderhouden van deze specifieke vorm van masterdata en de referentiedata is een activiteit van *data operation*.

Voor een goed beheer en onderhoud van deze gegevens is een overzicht nodig van de gegevens, de inhoud van de gegevens, de informatiesystemen waar de gegevens worden gebruikt en de impact die de inhoud van de gegevens heeft op deze informatiesystemen.
Niet zelden komt het voor dat een nieuwe (BIM-)medewerker alleen krijgt uitgelegd dat er op de laatste werkdag van de maand een gegeven aangepast moet worden, zonder dat duidelijk wordt waarvoor dit is en welke impact het heeft. Om te kunnen bepalen wat er in afwijkende gevallen moet gebeuren is deze informatie nodig.

Deze activiteit bestaat dus uit de volgende stappen.
- In kaart brengen van de referentie- en masterdata
  Het gaat hier om het inventariseren welke gegevens worden gebruikt in welke informatiesystemen, wat het belang van de gegevens is (wat wordt er 'gestuurd') en hoe frequent de gegevens aangepast moeten worden.
- Aanpassen van referentie- en masterdata
  Op basis van de afspraken en procedures of een verzoek van een gegevenseigenaar van een bepaald gegeven wordt dit aangepast. Vaak zijn er aparte transacties voor het beheer van deze gegevens, waarvoor alleen BIM geautoriseerd is. Als aanpassingen worden gedaan met behulp van een script geeft BIM opdracht aan IT om het script uit te voeren.

- Controleren en autoriseren aanpassing referentie- en materdata
  Als de gegevens correct zijn aangepast kan BIM deze autoriseren, ofwel vrijgeven voor gebruik.

Corrigeren of laten corrigeren van incorrecte data

Als er incorrecte gegevens in de bestanden zijn gekomen, bijvoorbeeld door gebruikersfouten, zijn er drie mogelijkheden voor correctie:

- Door BIM. In sommige gevallen heeft BIM toegang tot de productiegegevens en kan zij een gegeven corrigeren. Hiervoor is het noodzakelijk dat BIM volledig inzicht heeft in het gegeven, het gebruik ervan en de relatie met andere gegevens.
- Via een door IT ontwikkeld script. Ook bij dit script zorgt BIM voor de requirements, test het op de acceptatieomgeving en zorgt voor de uitvoering van het script op de productieomgeving.
- Door de eindgebruikers. Vaak kunnen eindgebruikers (zoals de klanten of de afdeling klantenservice) de verkeerde data via een wijzigingsscherm aanpassen door daar de goede inhoud in te voeren.

Welke methode wordt gebruikt hangt af van de aard van de gegevens.

Verstrekken van informatie over gegevens

Gebruikers kunnen vragen hebben over gegevens, gegevensdefinities, de manier waarop gegevens kunnen worden benaderd en dergelijke.

Voorbeeld

Een gebruiker wil weten wanneer een klant een grote klant is, bij € 50.000,- of bij € 100.000,- omzet per jaar? Dit is informatie die in het bedrijfsinformatie- of datamodel vastligt en die BIM kan leveren.

Naast een datamodel waarin de masterdatastructuur is opgenomen wordt doorgaans voor elk informatiesysteem een datamodel, met een data dictionary, opgesteld dat in lijn moet zijn met de masterdata (dit gebeurt in het domeinperspectief *Data Improvement*). Hierin zijn de logische relaties vastgelegd tussen de gegevens die in het informatiesysteem worden gebruikt en worden deze gegevens gedefinieerd. Op basis van het betreffende datamodel kan BIM antwoord geven op deze vragen. Hiervoor is het uiteraard nodig dat het datamodel actueel en correct is. Het bijhouden van het model is een activiteit voor BIM (in *Improvement*).

Definiëren en opstellen van ad hoc managementinformatie

Uit elk informatiesysteem worden veel, soms te veel, rapporten opgeleverd. Er blijven echter altijd eenmalige informatiebehoeften over, vragen die niet met een regulier rapport beantwoord kunnen worden en waarvoor het ontwikkelen van een nieuw rapport ook niet lonend is aangezien het een eenmalige vraag betreft. Het definiëren en opstellen van deze ad hoc informatie is een activiteit voor BIM. Soms betekent dit dat BIM de eisen aan het rapport opstelt en opdracht geeft aan IT om een query te ontwikkelen en soms dat BIM dit zelf doet met behulp van een rapportagetool. Ook als de gegevens van een organisatie verzameld zijn in een datawarehouse kunnen er rapportages opgeleverd worden zonder tussenkomst van IT. Deze data lag tot nu toe vaak te verstoffen en in het beste geval werd IT gevraagd om wat analysetools te bouwen. Maar daar is dan wel weer budget voor nodig. Om dit op te vangen zijn er Business Intelligence tools op de markt die ervoor kunnen zorgen dat de business zelf de gewenste informatie kan vergaren. In hoeverre een organisatie hiervan gebruik wil maken wordt vastgesteld in het domeinperspectief *Data governance*.

Bewaken van en rapporteren over het gebruik en de kwaliteit van de data
Nog even ten overvloede: de kwaliteitseisen (zie ook hoofdstuk 4) worden niet door BIM, maar door de gegevenseigenaar vastgesteld. Dit betekent dat BIM niet zelf op zoek gaat naar problemen, maar alleen op aangeven van de gegevenseigenaar. Uiteraard kan BIM de gegevenseigenaar wel adviseren over kwaliteitseisen.

Deze activiteit bestaat uit de volgende stappen:
- Periodiek of ad hoc uitvoeren van steekproeven;
- Regelmatig (volgens afspraak) uitvoeren van controles;
- Rapporteren aan gegevenseigenaren over (problemen in) datakwaliteit en -integriteit;
- Opstellen van verbetervoorstellen voor verbetering datakwaliteit, bijvoorbeeld door het realiseren van extra validaties, aanpassen van autorisaties of opstellen van procedures voor invoer en wijziging van gegevens.

Beheren van de gegevensomgeving
De informatie die IT nodig heeft voor een optimaal beheer en exploitatie van de gegevensomgeving kan veranderen in de loop van de tijd. Het aantal gebruikers kan groeien (of juist dalen), beschikbaarheid kan anders worden door ruimere werktijden.

Daarom is BIM verantwoordelijk voor:
- Actueel houden van het overzicht exploitatiegegevens;
- Tijdig informeren van IT bij aanzienlijke veranderingen.

8.3.3 Producten Data operation
Het domeinperspectief *Data operation* levert de volgende producten op:
- Overzicht referentie- en masterdata. Minimaal wordt per gegeven vermeld:
  - Eigenaar;
  - Betekenis;

  - Gebruik;
  - Afspraken en procedure van de aanpassing.
- Aangepaste referentie- en masterdata;
- Gecorrigeerde data;
- Ad hoc managementinformatie;
- Rapportages over datakwaliteit;
- Voorstellen voor verbetering datakwaliteit;
- Aanpassing van het overzicht van exploitatiegegevens;
- Overzicht van KPI's.

Voor een goede uitvoering van de activiteiten van *Data operation* is de volgende invoer nodig:
- Bedrijfsinformatiemodel;
- Datamodellen van de informatiesystemen;
- Eisen aan de datakwaliteit;
- Te verzamelen KPI's;
- Exploitatiegegevens zoals vastgelegd in de SLA.

8.4 SERVICE OPERATION

BIM levert diverse diensten aan de gebruikersorganisatie, maar ook aan andere organisatieonderdelen die zich met BIM-activiteiten bezighouden. Denk bijvoorbeeld aan de onderdelen die zich volledig richten op data en het gebruik van data. Door het belang van data en de opkomst van ontwikkelingen zoals big data zie je bij veel organisaties hier aparte rollen, functies en afdelingen ontstaan. Daarnaast levert BIM ook diensten aan informatieketenpartners en neemt BIM diensten af van IT, zowel van interne IT-afdelingen als externe IT-leveranciers.

In een professionele organisatie zijn er afspraken over de levering van deze diensten: hoe snel moet iets opgepakt worden, wat mag het kosten, hoe lang mag levering duren en wat is een acceptabel aantal verstoringen?

In hoofdstuk 6 hebben we al gezien dat er voor diensten geleverd door IT aan de gebruikersorganisatie vaak een Service Level Agreement (SLA) wordt opgesteld. In sommige organisaties zien we een dergelijk contract ook tussen BIM en de gebruikersorganisatie. Natuurlijk zijn er afspraken nodig tussen BIM en gebruikersorganisatie. Net zoals er afspraken zijn tussen andere organisatieonderdelen (zoals: de komst van een nieuwe medewerker moet uiterlijk drie weken vooraf worden gemeld aan de salarisadministratie zodat de medewerker tijdig in de salarisverwerking wordt opgenomen). Iemand die een melding doet moet weten wat hij kan verwachten. Niets is erger dan een melding waar je nooit meer iets op hoort. Dat zorgt ervoor dat gebruikers geen contact meer opnemen en zelf proberen problemen op te lossen, eventueel met behulp van tooltjes en apps die ze downloaden vanaf internet. De vraag is alleen of het zinvol is om hier SLA's voor op te stellen. Je loopt in dat geval het risico dat de BIM-medewerkers en/of afdelingen zich vooral gaan richten op het halen van de SLA-afspraken en niet op het optimaal ondersteunen van de gebruikersorganisatie.

Afspraken ja, contracten nee

Het domeinperspectief Service operation richt zich vooral op het meten en monitoren van de dienstverlening van BIM en van IT-leveranciers en het monitoren van de informatiesystemen op basis van afspraken en service levels.

8.4.1 Onderwerpen Service operation

Binnen het domeinperspectief Service operation onderscheiden we de volgende vier onderwerpen:

- Procedures voor ondersteuning door BIM;
- Meten dienstverlening;
- Bewaken IT-dienstverlening;
- Operationele IT-aansturing.

Procedures voor ondersteuning door BIM

BIM levert zoals gesteld diverse diensten aan de gebruikersorganisatie en informatieketenpartners. Naast bekende diensten als gebruikersondersteuning zorgt BIM veelal ook voor de verschillende activiteiten die gedaan moeten worden om te zorgen voor een goede uitvoer van de verwerkingen van de systemen en de vulling van de databases. Voorbeelden zijn het leveren van data aan informatieketenpartners, het opnemen van databestanden van informatieketenpartners in de informatiesystemen, het controleren van het correcte verloop van batchruns of het verwerken van uitval. Deze diensten moeten bekend, afgesproken en beschreven zijn. Het moet bekend zijn wie contactpersonen zijn en hoe deze te bereiken zijn. Deze procedures en afspraken worden vastgelegd in *Improvement*. In *Service operation* richt men zich op het uitvoeren van deze activiteiten.

Meten dienstverlening

Om te weten of de dienstverlening van IT en BIM voldoet aan de daaraan gestelde eisen en om de kwaliteit van de dienstverlening minimaal te borgen is het nodig dat deze wordt gemeten en wel het liefst op dagelijkse, wekelijkse en maandelijkse basis.

Te denken valt aan:
- Worden alle calls binnen de afgesproken tijd afgehandeld?
- Wordt er tijdig teruggekoppeld naar de indiener?
- Wat is de beschikbaarheid van de dienstverlening?
- Levert IT gevraagde informatie op tijd op?

Het is goed eerst te bedenken wat je gaat meten en wat dat betekent. Is het positief als er veel calls binnen de afgesproken tijd worden afgehandeld na de ingebruikname van een nieuw systeem? Of is het misschien juist negatief omdat er mogelijk te weinig training was en daardoor veel vragen? En wat betekent het als er heel weinig calls zijn? Is iedereen tevreden of denkt men dat het toch geen zin heeft om een call in te dienen?
Houd in de gaten dat de rapportage niet te uitgebreid wordt. Uitgebreide rapportages worden niet gelezen en missen zo hun doel. Beter is het om niet te proberen volledig te zijn, maar de rapportage vooral richten op de uitzonderingen.

Ook moeten leidinggevenden bedenken dat sommige indicatoren een perverse uitwerking kunnen hebben. Het komt nog vaak voor dat een call gesloten wordt zonder dat de indiener werkelijk geholpen is, alleen omdat de afgesproken doorlooptijd overschreden dreigt te worden. 'Dien maar een nieuwe call in' is dan vaak het antwoord. Voorkomen moet worden dat alle indicatoren op groen staan, maar de gebruikersorganisatie ontevreden is.

'Niet alles wat telt, kan worden geteld. Niet alles wat geteld kan worden, telt.' Albert Einstein

Goed meten, aan de hand van vooraf vastgestelde performance indicatoren of andere meetpunten, geeft een goed inzicht in de dienstverlening en de knelpunten daarin. De resultaten kunnen dienen als invoer voor verbeterplannen voor de dienstverlening. Daarnaast is een regelmatig onderzoek naar de gebruikerstevredenheid over de dienstverlening van BIM en IT nodig voor extra inzicht. Uiteraard is ook het aantal klachten over de dienstverlening een maatstaf voor de tevredenheid, maar een reden voor het meten en monitoren is juist het voorkomen van klachten. Vertrouwen komt te voet en gaat te paard.

Bewaken dienstverlening
Informatieservices moeten voldoen aan de afspraken en de verwachtingen. In de eerste plaats moet worden nagegaan of een nieuwe dienst past binnen beleid en strategie van de organisatie en voldoet aan de wet- en regelgeving. Daarnaast moet het aantal verstoringen minimaal zijn, moeten de systemen beschikbaar zijn op de afgesproken tijden en dan voldoende capaciteit hebben om de aangeboden transacties te verwerken. Het bewaken daarvan gebeurt mede aan de hand van de meetcriteria uit het vorige onderwerp.

Door te meten en te bewaken krijgt de organisatie inzicht in de kwaliteit van de informatieservices. Voor een deel van deze metingen is IT verantwoordelijk. Zij leveren gegevens over o.a. aantal verstoringen en beschikbaarheid in een service level rapportage. De inhoud en de frequentie van dit rapport is meestal vastgelegd in de SLA. Ook kunnen uitkomsten van het bewaken en meten van belang zijn voor informatieketenpartners, met wie ze dan moeten worden gedeeld.

Operationele IT-aansturing
Operationele IT-aansturing gaat over het aansturen van IT-dienstverleners tijdens het dagelijks gebruik van de informatiesystemen. De aansturing van IT-dienstverleners bij het ontwikkelen van of het aanbrengen van functionele wijzigingen van informatiesystemen is een onderwerp binnen het domein *Improvement*.

Op basis van opdrachten levert IT producten en diensten die met hen zijn afgesproken. De belangrijkste aspecten waarop wordt gestuurd zijn dagelijkse beschikbaarheid van de diensten (beschikbaarheidsbeheer), het nemen van maatregelen bij calamiteiten als totale uitval van systemen als gevolg van bijvoorbeeld wateroverlast en stroomstoringen (continuïteitsbeheer) en de performance van de informatiesystemen die vaak wordt beïnvloed door de beschikbare middelen (capaciteitsbeheer).

Zoals hiervoor al gesteld, is er met externe IT-leveranciers en ook interne IT-afdelingen vaak een SLA afgesproken. Hierin staan ook servicelevels voor de dienstverlening van IT: reactietijd en oplostijd voor een incident, veelal gekoppeld aan de prioriteit, openingstijden van de helpdesk van IT, etc.

In contract en/of SLA met de IT-leverancier zijn diverse opdrachten beschreven, vaak 'standaard opdrachten' of 'standaard changes' genoemd, die de leverancier uit kan voeren voor de organisatie. Het gaat hierbij meestal om opdrachten als het toevoegen van een nieuwe gebruiker, het leveren van een laptop of het installeren van een applicatie op de computer van een gebruiker. Ook kunnen binnen de kaders van het contract opdrachten worden gegeven voor beschikbaarheid buiten de normale openingstijden of voor het maken van specifieke niet-reguliere overzichten.

De activiteiten met betrekking tot het operationeel aansturen van IT zijn:

- Plannen van werkzaamheden;
  Het betreft hier niet zozeer het plannen in de tijd van de werkzaamheden, maar vooral het leveren van informatie ten aanzien van beschikbaarheid, uitvoering van jobs, aantallen etc. Bijvoorbeeld wensen als: de maandafrekening moet altijd op de eerste werkdag na de vorige kalendermaand draaien; onderhoud kan gepland worden op de vrijdag vanaf 19.00 uur tot 23.00 uur; de eerste maand van het jaar is er extra capaciteit nodig in verband met de jaarafrekening; updates van software mogen niet worden doorgevoerd in de laatste week van de maand.
- Verstrekken van operationele opdrachten;
  Het gaat hier over het verstrekken van operationele opdrachten (binnen het contract) aan IT, binnen de kaders van de SLA. Voorbeelden zijn:
  - Bestellen van een laptop;
  - Het laten opstellen van een rapport;
  - Het terug laten zetten van een back-up.

  De IT-leverancier moet weten wie binnen de organisatie deze opdrachten kan geven. Vaak is (een medewerker van) BIM hiervoor geautoriseerd. BIM is verantwoordelijk voor het plannen van de opdrachten en het monitoren van de uitvoering. Dit leidt tot rapportages voor het management.
  In veel gevallen staan dergelijke diensten en producten beschreven in een producten-dienstencatalogus (PDC). Soms ook in de SLA. Opdrachten kunnen ook via een daarvoor bestemd tool worden doorgegeven aan IT.

- Bewaken of de geleverde dienstverlening is uitgevoerd conform de afspraken;
  In het dagelijkse contact dat BIM met IT heeft kan BIM monitoren of de dienstverlening overeenkomstig de afspraken is. In de vorige twee onderwerpen zijn we hier al op ingegaan.

Een en ander betekent uiteraard wel dat BIM-medewerkers, ook de medewerkers op het operationele niveau, bekend moeten zijn met de SLA. Niet zelden komt het voor dat er wel een SLA is afgesloten maar dat deze in de la ligt bij de manager Inkoop.

Voorbeeld uit de praktijk
Om kosten te besparen sluit een gebruikersorganisatie met een IT-leverancier een goedkoper contract af. In plaats van een reactietijd van 4 uur op incidenten - zoals in de vorige SLA - is dit nu 24 uur geworden. De nieuwe SLA wordt echter niet beschikbaar gesteld aan de functioneel beheerders. Zij weten niet beter dan dat er niets is veranderd en zijn dan ook erg ontevreden als de leverancier niet eerder dan 8 uur na melding van een incident reageert. Wat feitelijk ruim binnen de afspraken is! Het bevordert de verstandhouding tussen functioneel beheerders en leverancier helaas niet.

8.4.2 Activiteiten Service operation

Binnen het domeinperspectief *Service operation* onderscheiden we de volgende activiteiten:

- Uitvoeren van de operationele activiteiten;
- Meten en bewaken van de kwaliteit van de dienstverlening van BIM;
- Meten en bewaken van de kwaliteit van de IT-dienstverlening;
- Operationele IT-aansturing.

Uitvoeren van de operationele activiteiten

Functioneel beheerders en andere BIM-medewerkers voeren veel operationele beheeractiviteiten uit. Een aantal daarvan is genoemd in het onderwerp Procedures voor ondersteuning door BIM. Dit leidt tot:

- Inplannen van de operationele activiteiten;
- Uitvoeren van de operationele activiteiten.

Meten en bewaken van de kwaliteit van de dienstverlening van BIM

De medewerkers van BIM stellen, met hun leidinggevende, in onderling overleg en in overleg met de gebruikersorganisatie vast wat er gemeten en gemonitord gaat worden en stellen vast hoe de cijfers verzameld worden. Zij bespreken de resultaten regelmatig in bijvoorbeeld een werkoverleg. Na enige tijd zijn er mogelijk trends te zien en knelpunten. Deze kunnen input geven voor verbeteringen. Metingen daarna maken duidelijk of een verbetering het gewenste resultaat heeft. Het kan zijn dat de meetpunten niet voldoende inzicht geven. Zij stellen in dat geval nieuwe meetpunten vast.

Dit levert een stappenplan op conform de Plan Do Check Act cyclus van Deming.
- Vaststellen wat gemeten wordt (meetpunten);
- Uitvoeren metingen;
- Evalueren metingen;
- Aanpassen meetpunten.

Overige activiteiten:
- Vaststellen waarover wordt gerapporteerd;
- Vaststellen rapportagefrequentie;
- Rapporteren over de resultaten van de metingen.

Meten en bewaken van de kwaliteit van de IT-dienstverlening
Voor het meten en bewaken van de kwaliteit van de IT-dienstverlening worden de meetpunten meestal aangeleverd in de SLA. IT zal volgens afspraak de servicelevel-rapportage opleveren. Dit zorgt voor de volgende activiteiten voor BIM:
- Beoordelen van de rapportage (komt het overeen met het eigen beeld?);
- Bespreken met IT;
- Gezamenlijk maatregelen vaststellen waar nodig;
- Indienen verbetervoorstellen.

Operationele IT-aansturing
Bij het operationeel aansturen van IT onderscheiden we de volgende activiteiten:
- Plannen van werkzaamheden van IT in het kader van het dagelijks gebruik van de informatiesystemen;
- Verstrekken van opdrachten van IT in het kader van het dagelijks gebruik van de informatiesystemen;
- Bewaken van de dienstverlening van IT (zie hiervoor).

8.4.3 Producten Service operation

Het domeinperspectief *Service operation* levert de volgende producten op:
- Rapportage over de kwaliteit van de dienstverlening van BIM;
- Rapportage over de dienstverlening van de IT-leveranciers;
- Planning van producten en diensten;
- Opdrachten van IT in het kader van het dagelijks gebruik van de informatiesystemen.

Voor een goede uitvoering van de activiteiten van *Service operation* is de volgende invoer nodig:
- Contracten en andere contractuele documenten zoals SLA en DAP;
- Gemaakte afspraken met de gebruikersorganisatie.

8.5 TECHNOLOGY OPERATION

In het domeinperspectief *Technology operation* wordt ervoor gezorgd dat alle operationele zaken die direct te maken hebben met de onderliggende technologie en/of de leveranciers van deze technologie op een goede manier worden behandeld en afgehandeld.

Het is al lang niet meer zo dat alle IT geleverd wordt door één leverancier, hierdoor kan BIM te maken hebben met veel verschillende leveranciers. En soms heeft een organisatie bij een leverancier voor verschillende onderdelen van de informatievoorziening verschillende aanspreekpunten. Vooral bij grote IT-leveranciers komt dat voor. Dat kan betekenen dat een organisatie zelfs verschillende contracten en SLA's heeft met één leverancier. Bij grotere (business)organisaties, met een eigen IT-afdeling, verlopen de contacten met de externe leveranciers vaak via deze IT-afdeling. De IT-afdeling heeft hier als het ware de regierol over de IT op zich genomen en voert soms zelfs een deel van de BIM-activiteiten uit. Dit kan goed werken, als de interne IT-afdeling de businessbelangen voldoende in het oog houdt.

Hoe contacten lopen met externe leveranciers is veelal opgenomen in de SLA en/of DAP (zie ook *Service improvement* en *Service operation*). Als het goed is zijn er bij het afsluiten van contracten met externe leveranciers afspraken gemaakt over de wederzijdse aanspreekpunten. Bij een grote leverancier is het handig af te spreken dat er één aanspreekpunt (in ieder geval voor operationele zaken) is. Wanneer er meerdere leveranciers zijn is het prettig voor de gebruikersorganisatie als één van hen fungeert als integrator en aanspreekpunt. Wanneer een organisatie grotere pakketten (SAP, Microsoft) gebruikt kan dat bijvoorbeeld de implementatiepartner zijn.

Als het niet mogelijk is om één leverancier aan te wijzen als eerste aanspreekpunt kan dat tot gevolg hebben dat bij problemen de leveranciers naar elkaar wijzen en hun eigen stoepje schoonvegen. Hoe beter dit geregeld is in de contracten, des te prettiger is de samenwerking met de leveranciers.

Voorbeeld uit de praktijk
Een commercieel bedrijf voor de distributie van reclamefolders heeft een nieuw pakket aangekocht en laten implementeren door een externe implementatiepartner. Maar eenmaal in productie blijkt de performance van het pakket absoluut niet te voldoen aan de eisen van de organisatie. Er zijn nogal wat partijen betrokken bij het informatiesysteem: de pakketleverancier, de implementatiepartner, een leverancier die zorgt voor hosting, een leverancier van het netwerk, de leverancier van de database op basis waarvan het pakket gebouwd is. Alle partijen wijzen verantwoordelijkheid af en

wijzen naar elkaar. Ze stellen technische oplossingen voor aan de functioneel beheerder die veel kennis van de bedrijfsprocessen heeft, maar veel minder van de techniek.
Pas als de directeur van het bedrijf ingrijpt en dreigt geen enkele factuur te betalen zolang het probleem niet is opgelost gaan de leveranciers samenwerken en zoeken naar een oplossing.

8.5.1 Onderwerpen Technology operation

Binnen het domeinperspectief *Technology operation* onderscheiden we de volgende vier onderwerpen:

- Beschikbaarheid;
- Informatieketenpartner-liaison bij incidenten;
- IT-leveranciers;
- Incidentmanagement.

Beschikbaarheid

Problemen in de beschikbaarheid van de informatiesystemen kunnen verschillende oorzaken hebben: te weinig capaciteit op de server, het netwerk dat eruit ligt (zie *Service operation*) maar ook een fout in de programmatuur of corrupte data. De opgetreden problemen kunnen bovendien gevolgen hebben voor de integriteit en correctheid van de gegevens. Als een applicatie uitvalt tijdens een batchverwerking is niet altijd duidelijk of alle data nog integer en correct is.

IT moet zorgen voor een (technische) oplossing als de oorzaak in de technologie ligt. BIM treedt in deze situaties op als vertegenwoordiger van de gebruikersorganisatie en neemt waar nodig de verantwoordelijkheid voor de regie. BIM heeft bovendien een rol in het onderzoek naar de gevolgen van het probleem voor het bedrijf en de bedrijfsprocessen en de mogelijke maatregelen.

Meestal is er een probleem in de beschikbaarheid van een deel van een informatiesysteem zoals een applicatie. Maar er kunnen calamiteiten optreden waardoor de informatiesystemen totaal of voor een groot deel uitvallen. Bijvoorbeeld door uitval van de stroomvoorziening, brand of cyberaanvallen zoals een DDoS-aanval of een virus.

BIM kan vooraf onderzoeken welke risico's er zijn en wat voor gevolgen uitval heeft voor de organisatie. Op basis daarvan kan BIM zorgen voor back-up maatregelen, bijvoorbeeld het bewaren van de laatste uitvoer van verschillende dagen. Als er een probleem is op een bepaalde dag kan teruggegrepen worden naar de vorige uitvoer.

Informatieketenpartner-liaison bij incidenten

Een verstoring kan gevolgen hebben voor de informatievoorziening van een ketenpartner. Bijvoorbeeld omdat de gegevens niet op de afgesproken tijd beschikbaar zijn. Ook kan een verstoring het gevolg zijn van een probleem in de informatiesystemen van een ketenpartner. Bijvoorbeeld omdat er incorrecte gegevens zijn uitgewisseld. Het is zaak voor BIM om informatieketenpartners geïnformeerd te houden bij incidenten die hen mogelijk kunnen raken. Bij incidenten veroorzaakt door een probleem in de informatiesystemen van een ketenpartner zal BIM gezamenlijk met de ketenpartner op zoek moeten gaan naar een oplossing en borgen dat een adequate oplossing wordt geïmplementeerd.

In het domeinperspectief *Service improvement* zijn de operationele afspraken met informatieketenpartners gemaakt en is vastgelegd wie de contactpersonen zijn bij de informatieketenpartners.

IT-leveranciers

Informatiesystemen moeten werken zoals afgesproken. Door te meten en te bewaken krijgt de organisatie niet alleen inzicht in de kwaliteit van de dienstverlening (zie *Service operation*) maar ook in de kwaliteit van de informatiesystemen. In het gebruikerstevredenheidsonderzoek kan ook worden uitgevraagd of gebruikers vinden dat een informatiesysteem goed werkt, of er veel onnodige handelingen moeten worden uitgevoerd, en dergelijke. Ook kan uit het onderzoek naar voren komen hoe het gesteld is met de kennis van de gebruikers. Er kan bijvoorbeeld blijken dat gebruikers niet op de hoogte zijn van nieuwe functionaliteit (wat wellicht ook iets zegt over de kwaliteit van de door BIM geregisseerde ingebruikname van de aanpassing) of van opgeloste problemen in de informatiesystemen. Dit kan een reden zijn om extra trainingen te verzorgen. Maar het is uiteraard ook mogelijk dat het informatiesysteem niet goed aansluit bij het dagelijks werk van de gebruiker.

> **Voorbeeld uit de praktijk**
> Inspecteurs gebruiken bij hun inspecties smartphones van hun werkgever om informatie op te vragen of gegevens over de inspecties in te voeren in de centrale informatiesystemen. De telecomprovider heeft echter een zeer matige dekking in de grensgebieden, waardoor de inspecteurs die daar werkzaam zijn geen bereik hebben. Op de vraag aan de helpdesk wat ze in zo'n geval moeten doen krijgen ze als antwoord dat ze dan maar wat rond moeten gaan rijden tot ze ergens komen waar wel bereik is.

Bij gebruik van cloud-oplossingen, met name SaaS (Software as a Service) is BIM verantwoordelijk voor het goed volgen van de acties van de leverancier. Ook bij gebruik van cloud worden er releases met oplossingen voor bugs en nieuwe of aangepaste functionaliteit geleverd. Vaak kondigt de leverancier een aantal dagen voor het doorvoeren van de release de inhoud aan. Soms via e-mail maar ook op de website. BIM moet zich altijd op de hoogte stellen van (de inhoud van) aangekondigde releases, zorgen dat de impact ervan bepaald wordt en waar nodig maatregelen nemen.

Het is belangrijk om over deze planning afspraken te maken (in *Service operation*), zeker als er perioden zijn waarin updates het bedrijfsproces ernstig kunnen verstoren.

Voorbeeld uit de praktijk

Een organisatie maakt gebruik van een cloud-oplossing voor CRM. Voor managementinformatie downloadt men wekelijks de gegevens uit de database naar het eigen systeem en neemt ze op in het datawarehouse. Op een zeker moment is er een verstoring bij het opleveren van de kengetallen voor de directie. Uit onderzoek blijkt dat het formaat van een gegeven uit de database van het CRM-systeem in een van de releases was gewijzigd. Men had dit over het hoofd gezien.

Incidentmanagement

Hoewel het erop kan lijken dat het oplossen van technische verstoringen vooral een aangelegenheid is voor IT en IT dit zou moeten coördineren, hoeft dit lang niet altijd het geval te zijn. Een verstoring in de informatievoorziening heeft directe gevolgen voor de bedrijfsprocessen. Bij een grote verstoring kunnen deze enorm zijn, met verlies van winst en imago tot gevolg. Daarom is het belangrijk dat BIM zorgt voor sturing en coördinatie, zeker voor de eigen gebruikersorganisatie en haar klanten. De meeste grote organisaties kennen de rol van incidentmanager. In dat geval is hij verantwoordelijk.

Sturing en coördinatie betekent niet dat BIM zich intensief met het oplosproces bemoeit. Veelal zal IT het oplossen van een verstoring met een technische oorzaak zelf sturen en coördineren. Bij verstoringen in maatwerksystemen heeft BIM meestal wél de eindregie. Bij gebruik van standaardpakketten of van applicaties die door meerdere organisaties worden gebruikt zal de sturing en coördinatie van de probleemoplossing over het algemeen in handen zijn van de leverancier. De coördinatie en sturing van de benodigde activiteiten in de verschillende gebruikersorganisaties blijven echter binnen die organisaties. Eventueel kunnen gebruikersorganisaties daarbij samenwerken. Duidelijke afspraken over wie welke verantwoordelijkheden heeft werken verhelderend.

BIM en IT moeten intensief samenwerken bij het oplossen van verstoringen. IT zorgt ervoor dat een verstoring zo snel mogelijk goed wordt opgelost en informeert en consulteert BIM over het verloop van het oplosproces. BIM ondersteunt IT bij het zoeken naar de oplossing, levert tijd en capaciteit van benodigde resources vanuit BIM en de gebruikersorganisatie en ziet er op toe dat er een voor de gebruikersorganisatie acceptabele oplossing wordt geleverd. Er zullen dus ook heldere afspraken moeten zijn over wie waarvoor verantwoordelijk is. Deze afspraken worden vastgelegd in *Service strategy*.

8.5.2 Activiteiten Technology operation

Binnen het domeinperspectief *Technology operation* onderscheiden we de volgende activiteiten:

- Anticiperen op beschikbaarheidsproblemen;
- Zorgen voor sturing en coördinatie bij verstoringen;
- Optreden als liaison tussen business, informatieketenpartners en leveranciers bij verstoringen en toezien op de geboden oplossing;
- Meten en bewaken van de kwaliteit van de informatiesystemen.

Anticiperen op beschikbaarheidsproblemen

De belangrijkste activiteiten zijn:

- In kaart brengen van de risico's ten aanzien van de beschikbaarheid van de informatiesystemen;
- In kaart brengen van de mogelijke maatregelen voor het geval zich problemen met de beschikbaarheid voordoen.

Zorgen voor sturing en coördinatie bij verstoringen

Activiteiten in dit kader zijn:

- Zorgen dat alle benodigde resources aanwezig zijn;
- Informeren van de business over het verloop van het oplosproces;
- Onderzoeken van de gevolgen van een incident voor de organisatie;
- Nemen van maatregelen om de gevolgen van een incident te minimaliseren;
- Accepteren van de geboden oplossing.

Optreden als liaison tussen business/informatieketenpartners en leveranciers bij verstoringen en toezien op de geboden oplossing

Activiteiten die hierbij een rol spelen zijn:

- Toezicht houden op het herstel van de normale service na verstoringen;
- Onderzoeken van de structurele oorzaak van incidenten;
- Onderzoeken waar in de keten de oorzaak van het incident te vinden is;
- Bepalen welke impact een verstoring heeft op de informatieketenpartners;
- Afstemmen met informatieketenpartners bij verstoringen.

Meten en bewaken van de kwaliteit van de informatiesystemen.

Hiervoor worden de volgende activiteiten uitgevoerd:

- Vaststellen wat gemeten wordt, bijvoorbeeld het aantal verstoringen of oplostijden (meetpunten);

- Uitvoeren van de metingen;
- Evalueren van de metingen;
- Aanpassen van de meetpunten;
- Vaststellen waarover wordt gerapporteerd;
- Vaststellen van de rapportagefrequentie;
- Rapporteren over de resultaten van de metingen.

Doe dit in samenhang met het meten van de kwaliteit van de dienstverlening.

8.5.3 Producten Technology Operation

Het domeinperspectief *Technology operation* levert de volgende producten op:

- Overzicht van mogelijke risico's en maatregelen ten aanzien van beschikbaarheidsissues;
- Rapportages over de kwaliteit van de informatiesystemen.

Voor een goede uitvoering van de activiteiten van *Technology operation* is de volgende invoer nodig:

- Informatie- en bedrijfsbeleid;
- Producten-dienstencatalogi van de leveranciers;
- Service level agreements met de leveranciers;
- Contracten met de leveranciers.

9. BIM EN ONTWIKKELINGEN BINNEN IT

9.1 SYSTEEMONTWIKKELAANPAK: WATERVAL OF AGILE?

Decennialang was de meest aanbevolen aanpak voor systeemontwikkeling en grootschalig onderhoud aan bestaande systemen de zogenaamde watervalmethode, een gefaseerde aanpak waarin alle fasen voor het hele nieuw op te leveren systeem opvolgend (watervalsgewijs) worden uitgevoerd.

Een belangrijk kenmerk van deze aanpak is dat in elke fase één partij de verantwoordelijkheid voor die fase heeft. Dat is in veel omgevingen zo geïnterpreteerd dat die partij, bijvoorbeeld de IT-leverancier of de gebruikersorganisatie, de uitvoerder van die fase is en aan het eind van de fase het resultaat overdraagt aan de partij die verantwoordelijk is voor de volgende fase.

Een voordeel van deze werkwijze is dat de totale samenhang en architectuur goed bewaakt kunnen worden. Voor grote ontwikkeltrajecten is dit belangrijk. Je werkt min of meer top-down en de kaders en concepten worden vooraf bepaald en steeds verfijnd en gevolgd.

Nadelen zijn dat:

- de doorlooptijd om bepaalde functionaliteiten te realiseren relatief lang is, waardoor het risico bestaat, dat een opgeleverd systeem eigenlijk al verouderd is op het moment van oplevering;
- de aanpak niet of slechts heel beperkt mogelijkheid biedt om veranderende inzichten (nieuwe of veranderde wensen en eisen) te verwerken. Met name als de organisatie nog sterk zoekend is naar de uiteindelijk gewenste functionaliteiten werkt dat erg inefficiënt.

Om deze nadelen tegen te gaan zijn er andere systeemontwikkelaanpakken gekomen waarin kortcyclischer wordt ontwikkeld, zoals Incrementeel en iteratief ontwikkelen. Hierbij wordt het informatiesysteem stapsgewijs opgeleverd in werkende delen. Voor deze wijze van systeemontwikkeling zijn enkele methodes beschreven zoals prototyping, DSDM Atern en RUP. Deze methoden doen aan timeboxing, waarbij een timebox een vaste tijdsperiode is waarbinnen een doelstelling moet worden gerealiseerd. Een increment bestaat uit een of meerdere timeboxes.

De meeste aanpakken om kortcyclisch te kunnen ontwikkelen worden agile benaderingen genoemd. Agile betekent behendig, lenig. Dit vertaalt zich bij systeemontwikkeling in korte overzichtelijke perioden van niet meer dan een maand, soms zelfs niet meer dan een week, waarin bruikbare delen van een applicatie worden ontwikkeld. Deze perioden heten 'iteraties' of 'sprints' en zijn als het ware kleine projecten op zichzelf. Een agile aanpak gaat ervan uit dat de wereld bijvoorbeeld tijdens een project verandert en probeert deze veranderingen zo goed mogelijk te faciliteren zonder daarbij het einddoel uit het oog te verliezen. Het team werkt bij agile ontwikkeling onderling zeer intensief samen en communiceert veel met elkaar en met andere belanghebbenden. Doelstelling is om aan het einde van iedere iteratie een bruikbaar product op te leveren. Na iedere iteratie heroverweegt het team in samenwerking met de opdrachtgever de prioriteiten. Ten opzichte van de watervalaanpak onderscheidt Agile zich door veranderingen te omarmen in plaats van deze zoveel mogelijk te vermijden.

Organisaties moeten steeds sneller kunnen inspringen op ontwikkelingen in de maatschappij, hun business-services moeten snel kunnen worden aangepast. Omdat deze business-services steeds afhankelijker worden van IT en omdat de vraag naar standaard IT-diensten steeds sneller verandert maken tegenwoordig veel IT-organisaties gebruik van agile ontwikkelaanpakken zoals Scrum om aan die vraag te kunnen voldoen. Ook Scrum is gebaseerd op de agile filosofie. Welke gevolgen het werken volgens een agile benadering voor de BIM-activiteiten en -verantwoordelijkheden heeft werken we hierna verder uit in paragraaf 9.2.

Bij een watervalmethode weet een organisatie van tevoren wel welke functionaliteit ze krijgen, maar ze weten niet wanneer; veel projecten lopen immers uit. Bij de incrementele aanpakken zijn de opleverdata van de incrementen (deelopleveringen) vastgesteld, dus het is ruim van tevoren bekend wanneer er iets wordt opgeleverd maar het is dan nog niet bekend wat er precies per increment wordt opgeleverd en wanneer het einddoel bereikt is. Elke oplevering bevat een beperkte (vernieuwde) functionaliteit, waarbij de omvang van het gerealiseerde vooral wordt bepaald door het feit dat 'de tijd op is'. Wensen die nog niet zijn gerealiseerd, komen in een volgende oplevering aan bod. Omdat er incrementeel wordt opgeleverd is bijsturen eenvoudig. Als het niet aansluit bij de wensen van de opdrachtgever hoeft men alleen het increment aan te passen, niet het hele systeem.

Watervalmethode	Agile aanpak
Aansturen en beheersen door projectmanager	Zelfsturende teams, met belangrijke inbreng vanuit de product owner
Werkzaamheden zijn volgtijdelijk	Werkzaamheden zijn iteratief
Voortgang op basis van % activiteiten gereed	Voortgang op basis % gereed product
Mijlpalen wanneer werkzaamheden zijn afgerond	Timeboxes met beoordeling tussenproducten
Fasen met tussenresultaten	Increments met op te leveren deelproducten
Beheersing op tijd, geld en kwaliteit	Beheersing via op te leveren functionaliteiten
Resultaat wordt einde project opgeleverd	Resultaat wordt incrementeel opgeleverd
Dirigerend leiderschap	Dienend leiderschap

Bron tabel: Hedeman, 2015

Welke aanpak het beste is, is situationeel afhankelijk. Op steeds meer plekken is agile werken omarmd. Maar is agile werken altijd de beste aanpak? Daar waar wendbaarheid, snel reageren op de markt of op managementbehoeften, nodig is, is agile werken een goede aanpak. Het doel van een organisatie en de aard van het project moeten echter leidend zijn bij het kiezen van de aanpak. Daarbij gaat het om het leveren van betere producten en diensten, die daadwerkelijk toegevoegde waarde hebben voor de uiteindelijke klant of gebruiker.

9.2 SCRUM

Scrum is een framework voor *agile management* van softwareontwikkeling, oftewel een agile systeemontwikkelaanpak. Scrum wordt vaak gebruikt als een organisatie snel moet kunnen inspelen op marktontwikkelingen, als de gebruikersorganisatie nog niet goed weet wat ze wil of als de eisen om een andere reden niet op voorhand bekend zijn. Het heeft de flexibiliteit om met steeds wijzigende eisen om te gaan.

De eisen van de business worden vastgelegd, dit gebeurt vaak onder de noemer 'user stories'.

User story

Een user story is een korte beschrijving (story) van wat een gebruiker (user) wil. Een user story bestaat uit enkele zinnen gewone spreektaal van de gebruiker waarin staat wat de gebruiker doet of moet doen, als onderdeel van z'n werk. Men beschrijft 'wie' 'wat' 'waarom' wil. Het geheel is weinig gedetailleerd en zou bij wijze van spreken moeten passen op een 'Post-it'.

Een voorbeeld: als auteur wil ik reviews van lezers zodat ik mijn boek kan verbeteren.
Of: als klant van de bank wil ik in het buitenland toegang tot mijn rekeningen zodat ik in de vakantie het hotel kan betalen.

In nauwe samenwerking met de business wordt bepaald welke eisen het eerst zullen worden gehonoreerd in het aan te passen of te ontwikkelen systeem. Binnen Scrum is dit een taak van de product owner die deel uitmaakt van het scrum-team.

Product owner
Een product owner is de eigenaar van een product die in een scrum-team verantwoordelijk is voor het continu aangeven en beheren van de verwachtingen van de gebruikersorganisatie ten aanzien van een product.

De realisatie vindt vervolgens plaats in korte zogenaamde 'sprints': periodes met een vaste lengte van maximaal een maand. Aan het einde van de sprint volgt de sprint review, waarin het gebouwde product wordt getoond aan de stakeholders. Men kan feedback geven die meegenomen kan worden in komende ontwikkelingen. En in overleg met de product owner kunnen prioriteiten of verzoeken voor volgende sprints worden aangepast.

Voor de gebruiker, of diens vertegenwoordiger, betekent dit dat er gedurende het gehele traject steeds afstemming is met het ontwikkelteam. In een dergelijke aanpak is voortdurend nauwe samenwerking tussen alle betrokken partijen dus een absolute noodzaak.

Aandachtspunten bij het werken met Scrum

De meest in het oog springende karakteristieken van de incrementele aanpak van Scrum ten opzichte van een watervalaanpak zijn hier opgesomd samen met enkele aandachtspunten voor BIM bij het werken met Scrum.

- Scrum is kortcyclisch. De aanpak biedt de mogelijkheid om voortdurend nieuwe requirements in te brengen en nieuwe stukjes functionaliteit op te leveren. Bij de watervalaanpak wordt, vaak na lange tijd, in één keer alle nieuwe functionaliteit opgeleverd.
- Scrum volgt een multidisciplinaire aanpak waarbij allerlei disciplines, waaronder BIM, vertegenwoordigd zijn in een scrum-team dat samenwerkt. Hierdoor is er vaker interactie tussen BIM en IT dan in traditionele watervalprojecten.
- Doordat vaker kleine incrementen worden opgeleverd, verandert het testproces. Bij elke oplevering moet aandacht worden gegeven aan het feit of de rest van het informatiesysteem nog steeds werkt zoals het moet werken en nog steeds aansluit bij de werkwijze in het bedrijfsproces, hetgeen tijdrovend is. Het testen

van de aanpassingen op zich wordt eenvoudiger omdat er minder gewijzigd is. Ook vindt geautomatiseerd testen steeds vaker plaats. Omdat er minder gewijzigd is zal het normaal gesproken minder tijd vergen om een fout die, ondanks het testen, tijdens het gebruik wordt gevonden alsnog recht te zetten.

- In de praktijk komt het voor dat in scrum-trajecten de acceptatietest niet daadwerkelijk wordt uitgevoerd maar wordt vervangen door de Sprint review, ook vaak demo genoemd. Een acceptatietest blijft echter van belang, zeker bij aanpassingen in een informatieketen. Dit kan ondervangen worden door de acceptatietest op te nemen in de Definition of done.
- Het prioriteren van de wensen vindt veelvuldiger plaats bij een agile aanpak, dit vereist een goede vastlegging van de status van de wijzigingsverzoeken.
- Documenteren vindt bij Scrum niet vooraf maar later in het proces plaats. Er wordt alleen gedocumenteerd wat echt nodig is voor onderhoud en beheer. Valideren van een ontwerp vindt daarom vaker plaats op basis van prototyping of overleg, hetgeen wat meer risico's kan inhouden. Dit geldt vooral voor teams die wat minder volwassen zijn.
- Wanneer bijvoorbeeld vanwege wet- en regelgeving bepaalde functionaliteit beslist op een bepaalde datum moet zijn ingevoerd is het bij een scrum-aanpak makkelijker om de prioriteiten aan te passen en de wijziging naar voren te halen.
- De product owner stelt de prioriteit van een wijzigingsvoorstel. Het risico hierbij is dat voorbij gegaan wordt aan het noodzakelijke onderhoud dat aan een informatiesysteem gedaan moet worden. Hierdoor kan de situatie ontstaan dat het systeem slecht onderhoudbaar wordt en het steeds meer tijd en moeite kost om aanpassingen te realiseren.

BIM en het scrum-team

Bij de samenstelling van het scrum-team dient goed in de gaten te worden gehouden dat de gebruikersorganisatie voldoende is vertegenwoordigd. De belangrijkste rollen binnen een scrum-team zijn scrum master, product owner en team member.

Product backlog
Een product backlog is een lijst van alle bekende werkzaamheden, zowel ten behoeve van nieuwe softwarefuncties als herstel, onderhoudswerk, etc.

De product owner:

- Is de eigenaar van het product;
- Heeft bij voorkeur financiële eindverantwoordelijkheid over een product en heeft voldoende mandaat;
- Bepaalt binnen een scrum-team de prioriteiten - van elke mogelijk te bouwen functie geeft hij onder andere de toegevoegde waarde aan voor de organisatie;
- Is verantwoordelijk voor het beheer van de product backlog in lijn met de langetermijnvisie op het product;

- Licht de inhoud en functionele bedoelingen van items op de product backlog toe;
- Geeft inzicht in de voortgang aan de hand van de product backlog;
- Geeft nieuwe producten vrij.

De product owner kan een systeemeigenaar of bedrijfsproceseigenaar zijn, dit geldt bijvoorbeeld bij maatwerksystemen die een bepaald bedrijfsproces binnen een organisatie moet ondersteunen, of een productmanager. Dat is degene die zich binnen een organisatie toelegt op het ontwikkelen van standaardpakketten of apps en bepaalt hoe het product eruit moet komen te zien.

De product owner moet duidelijk zijn rol nemen, zowel in het inbrengen van requirements, het stellen van eisen aan onderhoudbaarheid, documentatie en testen, als bij het nemen van beslissingen rond prioriteitstelling. Een functioneel beheerder of businessanalist heeft vaak te weinig bevoegdheden om effectief de rol van product owner in te kunnen vullen. Daarom wordt deze rol in het scrum-team bij voorkeur ingevuld door een systeemeigenaar of productmanager. Een functioneel beheerder heeft te weinig mandaat. Een zwaardere functioneel beheerder kan wel doorgroeien naar de rol van product owner.
Als een systeem eenmaal draait en er vooral kleinere wijzigingen op komen kunnen de taken van de product owner overgedragen worden aan een functioneel beheerder, binnen de grenzen van zijn mandaat.

Om ervoor te zorgen dat alle operationele zaken voldoende worden afgestemd moet BIM niet alleen worden vertegenwoordigd door de product owner, maar ook deel uitmaken van het ontwikkelteam. Functioneel beheerders (maar ook andere rollen binnen het BIM-domein zoals businessanalisten, acceptatietesters) kunnen de product owner ondersteunen door het uitvoeren van activiteiten als:
- opstellen van gedetailleerde requirements;
- acceptatietesten;
- opstellen van acceptatiecriteria;
- zeker stellen dat het beheer van het opgeleverde goed mogelijk is.

Indien een organisatie gebruik maakt van een interne IT-afdeling en samen met hen op een agile manier werkt, dan ligt het niet meer voor de hand dat er SLA's worden afgesloten door BIM tussen de gebruikersorganisatie en de IT-afdeling. Er wordt voortdurend samengewerkt op basis van onderlinge afspraken. Indien een project wordt uitgevoerd door een externe IT-leverancier is het nog steeds verstandig, zo niet noodzakelijk, SLA's af te sluiten.

Een scrum master is een facilitator en een coach, die uitlegt aan een team hoe Scrum werkt, bewaakt dat het scrumproces goed wordt gevolgd en het proces faciliteert. De scrum master is niet eindverantwoordelijk voor projectresultaat (dat is de Product Owner) of het managen van het projectteam. Voor de rol is veel scrum-kennis maar geen inhoudelijke kennis van het systeem nodig. Het is dus niet een rol die specifiek binnen BIM thuishoort.

Agile/Scrum en BiSL

In de praktijk wordt nog wel eens geredeneerd: omdat we werken aan de hand van agile principes is BiSL niet meer van toepassing of nodig. Dat is een onjuiste redenering, BiSL geeft aan welke activiteiten er uitgevoerd moeten of kunnen worden om goed te kunnen voldoen aan de informatiebehoeften; van strategisch tot uitvoerend. Agile aanpakken als Scrum geven voor een aantal van die activiteiten aan hoe je deze kunt aanpakken. En dat is op een andere manier dan wanneer de standaard watervalmethodes worden gebruikt. Maar agile aanpakken mogen beslist niet worden gezien als vervanger van BiSL.

BiSL laat zich niet uit over de frequentie en de volgordelijkheid van de activiteiten die onder de verantwoordelijkheid van BIM vallen. De BIM-activiteiten worden voortdurend en parallel uitgevoerd waarbij er veel interactie is. Die interactie wordt met een agile aanpak meer expliciet gemaakt. BiSL is daarom net zo toepasbaar voor zowel de kortcyclische aanpak van Agile/Scrum als voor de watervalaanpak.

Belangrijk in agile methoden is de focus op het opleveren van waardevolle producten in lijn met de visie en de missie van een organisatie. En dat zijn nu net ook belangrijke drivers in BiSL: *value* en *mission*. Daarmee sluit BiSL dus heel goed aan bij agile methoden.

9.3 DevOps

In de praktijk is vastgesteld dat informatiesystemen die agile worden ontwikkeld in de onderhoudsfase alsnog worden ondergebracht in een conventioneel beheerproces. Dat blijkt dan vaak niet goed te werken. Tijdens onderhoud wordt dan weer in silo's gewerkt, oftewel te geïsoleerd van andere betrokkenen. Ook wordt dan door het onderhoudsteam onvoldoende rekening gehouden met de criteria om het aangepaste systeem in beheer te nemen. Daarom organiseren steeds meer organisaties het onderhoud van hun informatiesystemen in de vorm van opleverteams die continu producten opleveren. Dat gaat een stapje verder dan agile werken waar korte iteraties worden gehanteerd. Of ze gaan nog verder: DevOps. Uitgangspunt bij DevOps (een samenvoeging van Development en Operations) is dat verandering onderdeel is van de dagelijkse gang van zaken. Er wordt constant gewerkt aan veranderingen en intensief samengewerkt door de ontwikkel- en beheerorganisatie. In een verdergaande vorm van DevOps, ook wel Enterprise DevOps of BusDevOps genoemd, werkt IT ook nauw samen met BIM en business.

Met de integratie van zowel ontwikkeling en beheer als business en IT wordt beoogd de samenwerking te verbeteren en daarmee de kans op succes te verbeteren.

Er wordt gestreefd naar continue oplevering van nieuwe stukjes software (continuous delivery), eventueel direct naar productie (continuous deployment), soms zelfs meerdere keren per dag.

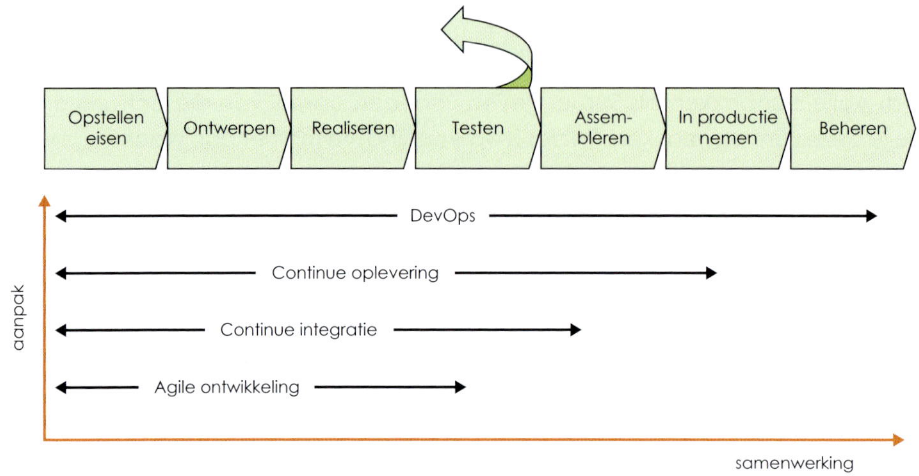

Figuur 9.1 Scope van diverse ontwikkelaanpakken (gebaseerd op: Hedeman c.s.)

DevOps werd in eerste instantie vooral in SaaS-achtige omgevingen populair, maar wordt inmiddels veel breder toegepast. De aanbieder kan hiermee vrijwel dagelijks aanpassingen aan de software publiceren en zo verbeteringen in de dienstverlening introduceren. De wijze waarop DevOps wordt vormgegeven kan van organisatie tot organisatie verschillen.

DevOps en BiSL

Het principe dat de beheerders en de ontwikkelaars nauw samen moeten werken is ook uitgangspunt van BiSL. Zowel *Improvement* als *Operation* maken er immers deel van uit. DevOps wordt met name toegepast binnen IT. Het zou echter nog vanzelfsprekender moeten zijn dan bij een agile aanpak, zoals Scrum, dat een vertegenwoordiger van BIM (bijvoorbeeld een functioneel beheerder) deel uitmaakt van het ontwikkelteam, zoals in BusDevOps. Dit is echter in de praktijk regelmatig nog niet het geval.

9.4 CLOUD EN SaaS

Er zijn veel typen informatiesystemen, van standaard apps tot grote maatwerksystemen. Zie ook Bijlage 2, waarin een aantal kort is beschreven. Het maakt verschil voor de activiteiten die door de BIM-organisatie worden uitgevoerd of er gebruik wordt gemaakt van maatwerkapplicaties of van standaardpakketten.

In deze paragraaf gaan we in op de tendens om de door de organisatie gewenste functionaliteit als dienst af te nemen van een IT-dienstverlener. Hierbij heeft de gebruikersorganisatie een soort abonnement op het gebruik van een applicatie op afstand, waarbij meerdere gebruikersorganisaties dezelfde software gebruiken, elk met hun eigen database (ook wel multi-tenancy genoemd). Dit is een vorm van cloud-toepassing, genaamd Software as a Service (SaaS). Hierbij is de software 'in de cloud' geplaatst. Cloud is een verzamelnaam voor technieken die een zekere mate van gemeenschappelijk gebruik van I (informatie) of IT (informatietechnologie) ondersteunen.

De cloud bestaat uit een netwerk van computers waarmee een eindgebruiker online in verbinding staat, maar waarbij hij niet weet op hoeveel of op welke computer(s) de software draait of waar die precies staan. De gebruikersorganisatie hoeft op deze manier geen eigenaar meer te zijn van de gebruikte hard- en software en is niet verantwoordelijk voor, maar heeft ook geen invloed meer op, het onderhoud. De organisatie beschikt over een 'eigen' stukje, in omvang en mogelijkheden schaalbare, virtuele infrastructuur. De medewerkers van de organisatie kunnen in principe de software vanuit elke gewenste locatie benaderen. Dit type diensten is populair geworden met de opkomst van internet.

Cloud-services kunnen worden gedeeld binnen een bedrijf, bijvoorbeeld doordat de eigen interne IT-leverancier of het eigen rekencentrum reken- of opslagcapaciteit beschikbaar stelt, of ze kunnen door een externe leverancier beschikbaar worden gesteld voor één bedrijf. In beide gevallen spreken we dan van een *private* cloud. Het komt ook voor dat verschillende bedrijven in eenzelfde branche of productieketen middelen delen. Deze vorm wordt *community* cloud genoemd. Er zijn ook diensten die door iedereen afgenomen (en dus gedeeld) kunnen worden. In dat geval is er sprake van een *public* cloud. Denk hierbij aan bijvoorbeeld Gmail of Dropbox. Tenslotte is een mengvorm van bovenstaande mogelijk, *hybrid* cloud: bijvoorbeeld een toepassing die draait in een private cloud op een infrastructuur in de public cloud.

Regelmatig blijven de gegevens op de eigen infrastructuur van de gebruikersorganisatie, maar het komt ook veelvuldig voor, dat de gegevens in de cloud worden opgeslagen, met name bij gebruik van SaaS.

IaaS en PaaS

Een andere vorm van cloud is Infrastructure as a Service (kortweg IaaS), waarbij infrastructuur (zoals bijvoorbeeld schijfcapaciteit) wordt gedeeld. Hierbij staat de fysieke component (de schijf in dit geval) bij de leverancier van de cloud-dienst. Ook databasemanagementsystemen en operating-systeemcomponenten zijn als Platform as a Service (PaaS) steeds meer via de cloud in te zetten. Datzelfde geldt voor software (SaaS). Als de afnemer het nodig heeft, neemt hij een abonnement en als het niet meer nodig is zegt hij het abonnement op. Als er tijdelijk behoefte is aan meer capaciteit, kan dat eenvoudig geregeld en ook weer beëindigd worden

Het gebruik van cloud-services lijkt op het eerste gezicht een technische keuze. Maar het heeft belangrijke gevolgen voor de regie op de informatieservices vanuit de gebruikersorganisatie en dus op BIM. Zo leidt het gebruik van community of public cloud ertoe dat je als organisatie minder direct invloed kan uitoefenen op de beveiliging van je gegevens. Ook weet je als organisatie niet meer wat er met jouw informatie die in de cloud is opgeslagen gebeurt en hoe die cloud-omgeving beveiligd is. Kleinere organisaties weten nog niet altijd hoe hiermee om te gaan.

Voorbeeld uit de praktijk
Multiply was begin deze eeuw een van de eerste sites waar miljoenen gebruikers bestanden en blogs deelden. Na enige tijd verplaatste het bedrijf zich van de VS naar Indonesië en gaf de site een andere invulling. Ondanks dat de gebruikers waren gewaarschuwd hebben toch velen de data niet op tijd gedownload naar de eigen PC en waren daardoor hun unieke in de cloud geplaatste foto's, muziek en verhalen voor altijd kwijt. De leverancier verschoof te eenvoudig de verantwoordelijkheid naar de gebruikers zonder daarbij de consequenties voldoende duidelijk te maken.

Dat wil trouwens niet zeggen dat gegevens per definitie minder veilig zíjn in de cloud. Alleen kan de gebruiker(sorganisatie) er minder direct invloed op uitoefenen. Organisaties die niet van cloud-services gebruik maken zijn juist extra kwetsbaar wanneer het maken van back-ups en het regelen van uitwijkmogelijkheden ondergeschoven kindjes zijn binnen de organisatie. Het is een taak voor BIM om waar mogelijk invloed uit te oefenen op de cloud-provider en eisen te stellen aan bijvoorbeeld de beveiliging en de continuïteit.
Door gebruik te (gaan) maken van cloud-oplossingen neemt de flexibiliteit van het werken met IT-oplossingen sterk toe. Dit levert de volgende voordelen op voor de afnemers:

- De functionaliteit is makkelijker toegankelijk.
- De dienst is goedkoper, doordat de ontwikkel-, beheer en onderhoudskosten met veel andere organisaties gedeeld worden.
- Er wordt alleen betaald voor wat er wordt gebruikt.
- Er zijn geen opstartkosten voor systeemontwikkeling.
- De leverancier treft zelf continuïteitsmaatregelen.

- De oplossing is robuuster/makkelijker schaalbaar: makkelijker uit te breiden en in te krimpen.
- Grote investeringen hoeven niet op voorhand gedaan te worden, de kosten worden verdeeld over de looptijd dat de cloud-oplossing gebruikt wordt.
- Er wordt gebruik gemaakt van proven technology, en er is daardoor brede ervaring van andere gebruikers beschikbaar.

Bovendien heeft de eigen IT-afdeling soms simpelweg te weinig omvang om bepaalde kennis actueel te houden, mee te gaan in elke technologische ontwikkeling en bepaalde continuïteitsgaranties te geven. Dan bieden standaardpakketten en/of de cloud uitkomst.

Het gebruik van SaaS kent vele voordelen, maar er zijn ook beperkingen. Een aantal hiervan geldt voor alle standaardpakketten:
- Er is in het algemeen geen sprake van een oplossing op maat. Het is 'one size fits all'. Er is wel in meer of mindere mate mogelijkheid tot eigen inrichting van het pakket.
- De leveranciers bepalen wat ze leveren, de inbreng van gebruikers in de functionaliteit is beperkt of nihil.
- Bij faillissement van de leverancier zijn diens productspecificaties en testrapporten niet meer beschikbaar. Daardoor is het niet duidelijk welke eisen aan het vervangende product moeten worden gesteld.

Bij het gebruik van SaaS komen daar nog de volgende beperkingen, die kunnen leiden tot extra risico's voor de gebruikersorganisatie, bij:
- Bij gebruik van een standaardpakket op de eigen infrastructuur ('on premise') kan men nog zelf bepalen of en wanneer nieuwe versies worden uitgerold. Bij SaaS bestaat die keuze niet.
- Afhankelijk van de afspraken kondigt de leverancier de uitrol wel aan, zodat er nog gelegenheid is om bijvoorbeeld de interne procedures aan te passen en bepaalde testen of controles voor te bereiden. Maar uitstellen totdat noodzakelijke wijzigingen in de rest van de informatiesystemen zijn aangebracht, bijvoorbeeld de interfaces, is (meestal) niet mogelijk.
- Het is, net als bij alle standaardpakketten overigens, lastiger om interfaces te maken met bestaande (maatwerk)applicaties, hoewel veel cloud-leveranciers standaard interfaces aanbieden. Het probleem zit dan ook vaak in het feit, dat de bestaande (vaak legacy) maatwerkapplicaties eigen interface-vereisten kennen en niet aansluiten op de nieuwere standaard interfaces.
- Er is minder controle op de middelen. Het is niet duidelijk waar de applicatie draait, waar de gegevens worden opgeslagen en of dat wel veilig gebeurt. Dit zal dus via contracten moeten worden geborgd.

- Certificering van cloud-leveranciers staat (nog) in de kinderschoenen; het is vaak lastig controleerbaar met wat voor leverancier je in zee gaat en hoe die zijn kwaliteit en robuustheid borgt.
- De cloud-dienstverlening gebeurt in losse componenten die vaak niet op elkaar zijn afgestemd als ze van verschillende leveranciers afkomstig zijn. En als ze wel op elkaar zijn afgestemd, ontneemt dat de gewenste flexibiliteit. Bovendien denkt een organisatie weliswaar zaken te doen met 'de cloud-leverancier', maar is niet bekend welke toeleveranciers die weer heeft (de wolkjes in en achter de wolk) en welke afspraken en garanties daar dan gelden.
- Het is niet altijd even makkelijk om de keuze voor cloud ook weer terug te draaien. Het is niet duidelijk of de gegevens die in de cloud-applicatie zijn opgeslagen eenvoudig over te dragen zijn naar een andere applicatie wanneer de wens daartoe zich voordoet. Ook is het bijvoorbeeld niet altijd even makkelijk om de gegevens weer terug te halen uit de af te stoten cloud-oplossing. Daarmee ontstaat (vaak onbewust) een vorm van vendor-lock in.
- Het uit handen geven van vertrouwelijke bedrijfsgegevens is niet zonder risico. Het risico wordt gelopen dat niet meer wordt voldaan aan de compliance-eisen van onder meer Sarbanes Oxley (SOX). Ook moet worden gegarandeerd dat de leverancier zich houdt aan de wet- en regelgeving waar de gebruikersorganisatie zich aan moet houden, bijvoorbeeld wettelijke bewaartermijnen of locatie van dataopslag.
- Hoe breder een dienst wordt gebruikt, hoe groter de kans is dat hij wordt aangevallen door malware/hackers. Maar daar staat wel tegenover dat een grote, sterke aanbieder zich grotere investeringen in beveiliging kan permitteren en ook wel zal moeten permitteren.
- Een bedrijfsproces dat gebruik maakt van SaaS-diensten wordt in hoge mate afhankelijk van het internet; van de snelheid, betrouwbaarheid, beschikbaarheid, beveiliging, etc. Deze heeft de gebruikersorganisatie niet zelf in de hand. Er ontstaat als het ware een 'single point of failure'.
- De organisatie heeft minder sturingsmogelijkheden op de financiën. Hoeveel transacties de gebruikers uitvoeren en/of hoeveel data ze opslaan valt buiten het gezichtsveld. Hierdoor kunnen rekeningen hoger uitvallen dan verwacht.

Het voorgaande leidt tot een lijst van zaken waar de organisatie, en BIM in het bijzonder, expliciet aandacht aan moet besteden bij de keuze voor een cloud-oplossing:

- Een overall beeld van het totaal aan informatieservices waar de organisatie gebruik van maakt; en als onderdeel daarvan: meer en beter inzicht in de risico's van deze informatieservices;
- Een helder beeld van welke functionaliteiten nodig zijn en hoe deze functionaliteiten onderling samenhangen en interacteren;
- Gekoppeld aan deze overall architectuur een helder beeld van alle continuiteitsrisico's (tijdens en na afloop van een contract), compliance-factoren, behoefte aan exclusiviteit op infra/software/datagebied en het beleid van de dienstverlener bij calamiteiten;

- Een scherp beeld van de niet-functionele eisen en voorwaarden in het totaal aan informatieservices, zoals schaalbaarheid, beveiliging, financiën, kwaliteit in de zin van kosten en baten;
- Een overall beeld van de cloud-wereld om alle aanbod, kwaliteitsverschillen en alle andere verschillen te kunnen schatten;
- Inzicht in de wijze waarop de cloud-leverancier zijn diensten levert om de risico's in te kunnen schatten; hierbij is het beleid van de dienstverlener bij calamiteiten een belangrijk facet;
- Op basis van eisen en keuzes door middel van contracten invulling geven aan de samenwerking met de cloud-leverancier en alle andere randvoorwaarden invullen.

Dit betekent dat er meer nadruk komt te liggen op het vaststellen van *Need* en *Value*, terwijl binnen *Operation* en *Improvement* stuurmogelijkheden verdwijnen. Overigens geldt dit sowieso al bij het gebruik van standaardsoftware in de vorm van COTS (commercial off the shelf).

Consequenties voor BIM

In de cloud-situatie dienen alle BIM-onderwerpen expliciet aandacht te krijgen. Vooral bij het opstellen van de contracten zal uitgebreid aandacht moeten worden besteed aan de risico's. Ook bij het opstellen van de eisen en het toetsen of de geboden oplossingen voldoen aan deze eisen krijgen de BIM-activiteiten een wat andere invulling. De aansturing van de IT-leverancier zal ook anders, afstandelijker, verlopen. Maar alle BIM-activiteiten die binnen BiSL zijn beschreven blijven van belang.

9.5 TRENDS OP DE WERKPLEK

In de afgelopen jaren zijn enkele trends naar voren gekomen die hebben geleid tot veranderingen binnen de werkplekautomatisering. Voorbeelden van deze trends zijn: BYOD, CYOD, BYOA en tijd- en plaatsonafhankelijk werken.

BYOD

Bring Your Own Device (BYOD) betreft het gebruik van eigen apparaten van de gebruikers op de werkplek binnen de organisatie waar deze gebruikers werkzaam zijn. De verantwoordelijkheid voor onderhoud, beveiliging en apps op dat apparaat ligt bij de gebruikers zelf. Het feit dat de gebruiker de eigenaar is van het apparaat, betekent dat de organisatie geen enkele formele sturing heeft op het apparaat. In praktijk kan elke gebruiker zijn eigen unieke merk, type en soort apparaat meebrengen. Vooral meer behoudende IT-afdelingen van organisatie zijn hier huiverig voor en zullen daarom in de praktijk deze apparaten niet ondersteunen. De organisatie kan wel beperkingen stellen aan het apparaat, bijvoorbeeld door toegang tot het netwerk te verbinden aan het blokkeren van bepaalde beheerrechten op het apparaat. Zo kan men bijvoorbeeld een stringenter wachtwoordbeleid afdwingen op de laptop of tablet van de medewerker.

CYOD

Choose Your Own Device (CYOD) is enigszins vergelijkbaar met de BYOD-trend. Het verschil is, dat bij CYOD de organisatie eindgebruikers een (ruime) keuze laat in het apparaat dat ze willen gebruiken. De apparaten die ter keuze worden aangeboden zijn eigendom van de organisatie, worden ondersteund en beheerd door de organisatie. In vergelijking met een traditionele situatie waarin organisaties een standaard werkplek / apparaat ter beschikking stellen aan alle medewerkers, betekent CYOD meer vrijheid voor de individuele medewerker. Tegelijkertijd hebben eindgebruikers minder keuzevrijheid voor hun favoriete apparaat dan in de BYOD-situatie.

BYOA

BYOA heeft twee verschillende betekenissen: Bring Your Own Application of Build Your Own Application.

In de betekenis van Bring Your Own Application is BYOA de trend ten aanzien van het gebruik van applicaties en cloud-services van derden op de werkplek. Dit betekent dat de individuele gebruiker gebruik maakt van applicaties die niet onder het beheer of de controle van de (gebruikers)organisatie staan. Dit kan er zelfs toe leiden dat de formele (gebruiker)organisatie geen enkele formele invloed heeft op de keuzes voor applicaties en diensten die worden gebruikt door een individuele gebruiker. Beheer en ondersteuning van deze applicaties of diensten worden geleverd door externe partijen. Meestal zal de organisatie geen specifiek service level agreement hebben met deze derde partij.

Build Your Own Application is een trend waar de organisatie grote vrijheid verleent aan individuele werknemers om hun eigen oplossingen aan te dragen voor de verwerking en het opvragen van gegevens, of voor rapportage. Gebruikers krijgen de kans om hun eigen persoonlijke applicaties te ontwikkelen door gebruik te maken van zeer gebruiksvriendelijke, intuïtieve, krachtige applicatie-ontwikkeltools. De gebruiker is verantwoordelijk voor het onderhouden en bijwerken van zijn eigen applicaties.

Tijd- en plaatsonafhankelijk werken

Met tijd- en plaatsonafhankelijk werken laat de organisatie de controle over werktijden en werklocaties over aan de individuele medewerker. Medewerkers hoeven niet tijdens bepaalde uren op het kantoor te zijn en hebben de vrijheid om werktijden en werklocaties te kiezen die voldoen aan hun eigen behoeften.

Naast allerlei uitdagingen voor het management in de organisatie, heeft deze trend ook gevolgen voor de informatieservices en de besturing daarvan.
Op elke plaats en tijd moet het voor de gebruiker mogelijk zijn om via de infrastructuur verbonden te zijn aan de gewenste applicatie. Dit betekent dat bepaalde niveaus van robuustheid, veiligheid en connectiviteit nodig zijn voor zowel de hardware als voor de applicatie om de individuele werknemer adequaat te kunnen ondersteunen. Gebruikers hebben een grote invloed op hun eigen gebruik van IT-middelen in het kader van hun werk en zijn in staat om dit gebruik te bepalen vanuit een individueel perspectief.

Consequenties voor BIM

Binnen *Governance* en *Strategy* worden de beslissingen genomen om deze trends al dan niet te adopteren. Hierbij kan het management er rekening mee houden dat het meegaan in deze ontwikkelingen kan leiden tot een hogere medewerkerstevredenheid, verbeterde productiviteit en uitstraling als aantrekkelijke werkgever.

BIM moet een grondige functionele kennis hebben van de apparatuur en de (standaard)applicaties die op de markt beschikbaar zijn en die aantrekkelijk of nuttig kunnen zijn voor de individuele medewerkers. Ook moet BIM een meer proactieve rol spelen als sparring partner voor de gebruikersafdelingen met betrekking tot de wijze waarop de informatieservices de bedrijfsprocessen kunnen ondersteunen. Binnen *Operation* moet de ondersteuning van de gebruikers zich nu ook richten op hun verantwoordelijkheid om hún apparaten en gegevens te onderhouden en beveiligen. SLA's zouden minder rigide en juist flexibeler moeten worden; contracten moeten meer gericht zijn op het ondersteunen van gebruikers in hun verantwoordelijkheid voor hun eigen apparaten en applicaties.

10. ROLLEN BINNEN BIM

10.1 INLEIDING

Binnen BIM kunnen veel rollen of functies worden onderscheiden. Vaak worden meerdere rollen gecombineerd in één functie, zeker bij kleine bedrijven of in organisaties waar voornamelijk gebruik wordt gemaakt van standaardpakketten. Soms worden deze activiteiten zelfs gecombineerd met IT-activiteiten, hetgeen dan kan leiden tot de rol functioneel applicatiebeheerder.
Maar bij grote bedrijven wordt regelmatig gebruik gemaakt van specifieke functienamen. Neem de activiteit acceptatietesten. Degene die deze activiteit uitvoert heeft als rol op dat moment acceptatietester. Vaak is het een nevenactiviteit van een functioneel beheerder, maar soms wordt in een organisatie zo vaak en veel getest dat speciaal opgeleide acceptatietesters (alleen) dit werk verrichten. Soms krijgen deze medewerkers dan de functienaam acceptatietester.

Dit zorgt er ook voor dat de invulling van een rol overal anders kan zijn. Het takenpakket van een functioneel beheerder in de ene organisatie kan behoorlijk verschillen met die van een andere organisatie.

Omdat functie- en rolnamen in de praktijk dus veelal door elkaar lopen wordt in dit hoofdstuk geen onderscheid gemaakt tussen functie of rol en noemen we het rol. De benoemde rollen kunnen zowel centraal als decentraal voorkomen.

De meest bekende rollen binnen BIM op het operationele niveau zijn functioneel beheerder, key-user (kerngebruiker), business/informatieanalist en data steward (gegevensbeheerder). Op hoger niveau zijn dat (business-)informatiemanager, CIO en systeemeigenaar.

Hieronder volgt voor een aantal veel voorkomende rollen binnen business-informatiemanagement een opsomming van activiteiten die 'bij de rol horen'. Beschouw de rolbeschrijvingen vooral als voorbeelden en niet als complete lijst, omdat rollen en rolbenamingen aan veranderingen onderhevig zijn.

10.2 ROLBESCHRIJVINGEN

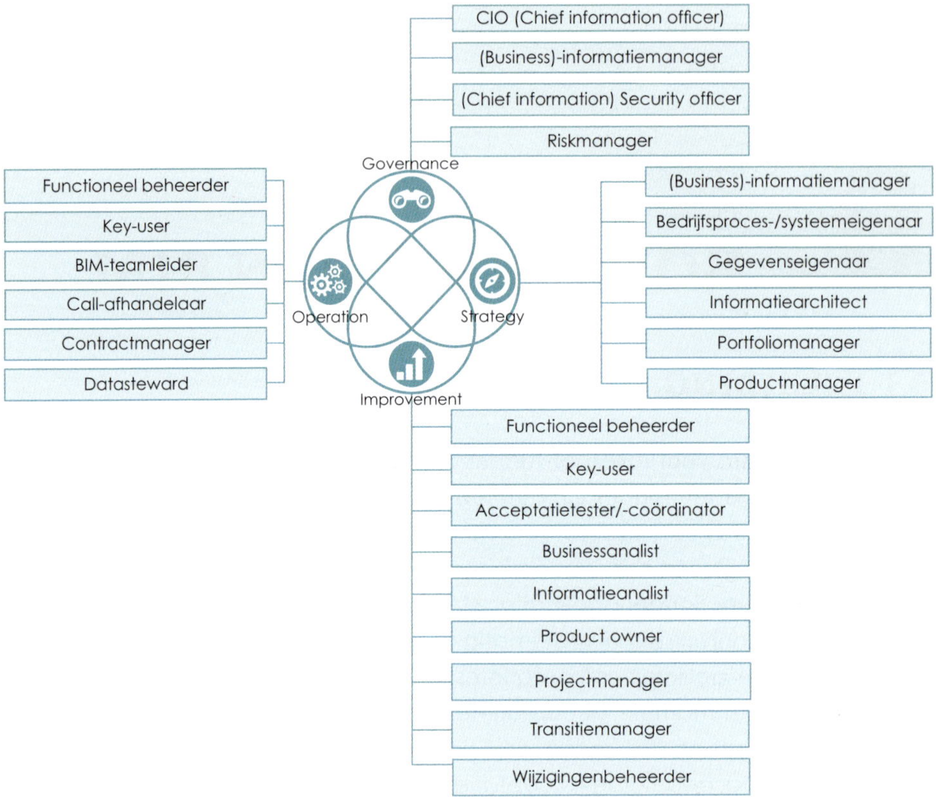

Figuur 10.1 Rollen binnen BIM

Governance en Strategy

Veel voorkomende rollen binnen de domeinen *Governance* en *Strategy* worden hieronder beschreven.

CIO (Chief Information Officer)

Een lid van het hoogste management in een organisatie die eindverantwoordelijk is voor de informatievoorziening in de organisatie, het vaststellen van informatiebeleid en -strategie en het monitoren van de uitvoering van het beleid en de strategie.

Hoofdactiviteiten

- Informatiebeleid en informatiestrategie vaststellen in relatie tot het beleid van de business;
- Beleid vaststellen voor de wijze waarop BIM wordt georganiseerd;
- Monitoren van de uitvoering van het beleid en de strategie.

(Business) informatiemanager

Iemand die, namens de systeemeigenaar of de directie, verantwoordelijk is voor de informatievoorziening binnen de organisatie. Hij is verantwoordelijk voor het formuleren van het informatiebeleid en de informatieplanning op tactisch/strategisch niveau. Daarnaast heeft de informatiemanager een sturende en bewakende rol in het kader van de realisatie van de informatiesystemen.
Hij is daarmee verantwoordelijk voor het vertalen van de informatiebehoeften van de werk- en bedrijfsprocessen van de organisatie in de benodigde informatiesystemen en -services.
NB: Afhankelijk van de organisatie kan dit zijn voor de hele organisatie of voor een bepaald informatiedomein.

Hoofdactiviteiten

- Algemene eisen definiëren voor de kwaliteit van de geautomatiseerde en niet-geautomatiseerde informatiesystemen, de informatieservices, de organisatie van BIM en de data en informatie in het bedrijfsproces en deze kwaliteit bewaken;
- Beleid en strategie opstellen voor de komende jaren ten aanzien van de inhoud van de informatiesystemen en de organisatie van de informatievoorziening;
- Informatieplannen (jaarplannen) opstellen en bewaken;
- Resultaten van veranderingstrajecten definiëren en bewaken en hierover rapporteren;
- Potentiële leveranciers identificeren, selecteren en contracteren;
- Relaties met en prestaties van de huidige leveranciers, het functioneren van de huidige informatieketens en de tevredenheid van de gebruikers van de informatiesystemen evalueren;
- Inventariseren van de mogelijke risico's en bepalen van de mogelijke maatregelen;
- De verwachte kosten en gewenste en verwachte baten van de huidige informatievoorziening en van de geplande veranderingen in de informatiesystemen in kaart brengen, de daadwerkelijke kosten en baten bewaken en hierover rapporteren.

Bedrijfsproceseigenaar /Systeemeigenaar

Iemand die voor een bepaald bedrijfsproces eindverantwoordelijk is voor de informatievoorziening en voor de afspraken daaromtrent met IT-leveranciers en gebruikersorganisatie.
NB: Vaak is een bedrijfsproceseigenaar tevens systeemeigenaar.

Hoofdactiviteiten

- Besluiten nemen over het al dan niet doorvoeren van wijzigingen in de informatiesystemen, mede gebaseerd op een impactanalyse en een businesscase van de gewenste veranderingen in de informatiesystemen die zijn bedrijfsproces ondersteunen;

- Goedkeuring geven aan het in gebruik nemen van gewijzigde informatiesystemen (geautomatiseerd en niet-geautomatiseerd) mede op basis van de uitkomsten van acceptatietesten;
- Decharge verlenen aan de IT-leverancier.

Gegevenseigenaar
Iemand die verantwoordelijk is voor (een bepaald deel van) de gegevens van een organisatie.
NB: Hij dient zich hierbij te houden aan wettelijke vereisten en intern beleid dat verband houdt met de gegevens.

Hoofdactiviteiten
Gebruik van gegevens:
- Een beleid opstellen voor het gebruik van gegevens door de organisatie;
- Erop toezien dat procedures worden ontwikkeld en ingevoerd voor hoe gegevens gebruikt moeten/mogen worden door een bepaald informatiesysteem;
- Bepalen wie gegevens mogen maken, wijzigen, lezen en/of verwijderen en er op toezien dat dit is gedocumenteerd;
- Kwaliteitscriteria voor de gegevens bepalen;
- Beoordelen welke risico's een organisatie loopt als de gegevens niet aanwezig zijn, verloren gaan of corrupt raken;
- Goedkeuring geven aan beveiligingsmaatregelen om zowel fysieke als logische schade aan gegevens te voorkomen (inclusief vernietiging, wijziging en bekendmaking);
- Bewaken dat bij het gebruik van de gegevens wordt voldaan aan wet- en regelgeving, bijvoorbeeld op het gebied van de privacy;
- Voorkomen dat gegevens dubbel worden vastgelegd en opgeslagen;
- Goedkeuren van wijzigingen aan de wijze waarop gegevens worden vastgelegd;
- Goedkeuren van wijzigingen aan gegevens buiten de reguliere wijze om (bijvoorbeeld correctie via een script);
- Ervoor zorgen dat de gegevens worden onderhouden volgens de overeengekomen kwaliteitsnormen.

Datamodellen:
- Een bedrijfsinformatiemodel (laten) opstellen en onderhouden;
- Goedkeuring geven aan definities, beschrijving en doel van de gegevens;
- Erop toezien dat datamodellen van informatiesystemen aansluiten op het bedrijfsinformatiemodel.

Informatiearchitect
Iemand die verantwoordelijk is voor het opstellen van de informatiearchitectuur: de beschrijving van hoe de functionele informatievoorziening op het hoogste niveau samenhangt, hoe deze nader onderverdeeld wordt en wat de relaties en koppelvlakken tussen deze onderdelen zijn.

Hoofdactiviteiten

- Informatiearchitectuur opstellen en onderhouden;
- Beoordelen of scenario's voor veranderingen in de informatiesystemen passen binnen de informatiearchitectuur.

Portfoliomanager
Iemand die verantwoordelijk is voor het realiseren van de informatiestrategie van een bedrijf.

Hoofdactiviteiten

- Portfolio van verbeteringen plannen en beheren;
- Beoordelen of programma's en projecten in lijn zijn met de informatiestrategie van het bedrijf.

Productmanager
Iemand die verantwoordelijk is voor het zakelijk succes van een product dat een organisatie op de markt brengt. Bij een pakketleverancier is hij dus verantwoordelijk voor een softwarepakket, waaronder de functionaliteit ervan. Hij heeft dus taken die in het BIM-domein liggen.

Hoofdactiviteiten

- Inventariseren van trends en ontwikkelingen in de markt;
- Inventariseren van de resultaten die zijn behaald door de producten waarvoor hij verantwoordelijk is;
- Bepalen wat de grootste uitdagingen zijn;
- Voorstellen welke nieuwe producten of aangepaste producten in de markt worden gezet (productbusinessplan);
- In kaart brengen wat de eisen zijn aan de producten, inclusief prioritering;
- Ervoor zorgen dat deze producten worden gerealiseerd;
- Het product zowel intern in de organisatie als in de markt promoten.

(Chief information) Security officer (CISO)
Iemand die verantwoordelijk is voor de informatiebeveiliging in een bedrijf.

Hoofdactiviteiten

- Opstellen en managen van het informatiebeveiligingsbeleid;
- Monitoren van de implementatie en naleving van het informatiebeveiligings-beleid;

- Stimuleren van beveiligingsbewustzijn in het bedrijf, zowel bij de directie als bij de medewerkers;
- Initiëren van risicoanalyses en interne audits;
- Opstellen van een controleplan en initiëren van testen.

Riskmanager
Iemand die verantwoordelijk is voor het risicomanagementbeleid van een bedrijf.

Hoofdactiviteiten
- Inschatten, beperken en bewaken van risico's voor de organisatie die gerelateerd zijn aan de informatiesystemen;
- Monitoren van de naleving van het interne beleid, juridische bepalingen en wet- en regelgeving.

Improvement en Operation
Veel voorkomende rollen binnen de domeinen *Improvement* en *Operation* worden hieronder beschreven.

Functioneel beheerder
Iemand die verantwoordelijk is voor de uitvoering van (een deel van) de activiteiten binnen BIM op uitvoerend niveau.

Hoofdactiviteiten
Afhankelijk van de grootte en de aard van de organisatie en van het type informatiesystemen waarvan gebruik wordt gemaakt is de invulling van de rol van functioneel beheerder heel divers. De functioneel beheerder heeft een primaire rol in alle activiteiten binnen *Operation* en *Improvement*.
De functioneel beheerder maakt met de systeemeigenaar (en eventueel de (business)informatiemanager) afspraken over het mandaat. Een voorbeeld is: de functioneel beheerder kan zonder tussenkomst van de systeemeigenaar de leverancier opdrachten geven voor aanpassingen tot een bedrag van € 5000,- per aanpassing.
In sommige organisaties zijn afzonderlijke rollen gedefinieerd voor het uitvoeren van een deel van de operationele activiteiten, zoals informatieanalist, wijzigingenbeheerder, acceptatietestcoördinator, acceptatietester, transitiemanager, call-afhandelaar of gegevensbeheerder. Hun activiteiten worden in andere organisaties door functioneel beheerders gedaan.
Overige activiteiten van een functioneel beheerder kunnen zijn:
- Definiëren en opstellen van ad hoc managementinformatie;
- Opstellen en bewaken van autorisatieprofielen en autorisatiematrices;
- Bepalen welke gegevens verzameld moeten worden vanuit welke bronnen;
- Organiseren en voeren van gebruikersoverleg;

- Verzorgen van opleidingen voor nieuwe of aangepaste informatiesystemen en van (aanvullende) opleidingen en instructies voor in gebruik zijnde informatiesystemen;
- Opdrachten geven aan IT-leveranciers binnen hun mandaat;
- De levering en uitvoering van diensten en producten van en opdrachten aan IT-leveranciers plannen en bewaken, binnen de in een SLA (of andere afspraken) afgesproken kaders; een en ander met betrekking tot de informatiesystemen die in gebruik zijn;
- Rapporteren over opdrachtverstrekking aan en levering door de IT-leveranciers;
- Beoordelen van de globale oplossingsrichtingen die zijn voorgesteld door IT-leveranciers, businessanalisten of collega functioneel beheerders;
- Beoordelen of de potentiële IT-oplossing (die kan variëren van maatwerk tot standaardpakket) voldoet aan de behoeften van de gebruikersorganisatie;
- Implementatieplan en transitieplan opstellen voor een nieuw of gewijzigd informatiesysteem;
- Organiseren, coördineren en (mede) uitvoeren van handmatige conversies;
- Ervoor zorgen dat de gebruikersorganisatie, de BIM-organisatie en de IT-organisatie zijn voorbereid op een nieuw of gewijzigd informatiesysteem;
- De relatie tussen de geautomatiseerde en de niet-geautomatiseerde delen van een informatiesysteem bepalen, bijvoorbeeld tussen de applicatie en de werkprocedures;
- De veranderingen in de administratieve processen bepalen;
- De benodigde veranderingen in de werkprocessen vastleggen in een gebruikershandleiding, handboek, werkinstructies, formulieren e.d.

Key-user (Kerngebruiker, Senior user, Super user)
Iemand die als hoofdverantwoordelijkheid taken heeft in het primaire bedrijfsproces of in bedrijfsvoeringprocessen maar daarnaast op basis van zijn kennis en ervaring zijn collega's ondersteunt en vertegenwoordigt bij het gebruik van een bepaald informatiesysteem.

Hoofdactiviteiten

- Andere gebruikers ondersteunen bij het werken met de informatiesystemen (producten en procedures);
- Gebruikers vertegenwoordigen in het gebruikersoverleg;
- De functioneel beheerder ondersteunen bij een aantal van zijn taken, zoals opstellen van requirements, uitvoeren van handmatige gegevensconversies en toetsen en testen van (voorgestelde en gerealiseerde) oplossingen.

Acceptatietester
Iemand die acceptatietests van nieuwe of aangepaste informatiesystemen uitvoert.

Hoofdactiviteiten

Testscripts en testgevallen opstellen

- Uitvoeren acceptatietest, inclusief de aansluiting tussen de geautomatiseerde en de niet-geautomatiseerde informatiesystemen, van zowel maatwerk als standaardpakketten;
- Toetsen van de aangepaste niet-geautomatiseerde informatiesystemen.

Acceptatietestcoördinator

Iemand die verantwoordelijk is voor het organiseren en coördineren van de acceptatietests.

Hoofdactiviteiten

- Teststrategie, testbeleid, testplan, testscripts, testgevallen voor de acceptatietest van het geautomatiseerde informatiesysteem en van de niet-geautomatiseerde informatievoorziening(laten) opstellen;
- De resultaten van de acceptatietest vastleggen;
- Testverslag en go-no-go-advies opstellen;
- Documenten laten toetsen die worden opgesteld in het kader van aanpassingen in de informatiesystemen;
- Andere documenten toetsen, zoals implementatieplan en transitieplan;
- Besluitvorming voorbereiden naar aanleiding van de uitkomsten van de acceptatietesten;
- Testafwijkingen bespreken met en laten afhandelen door de leverancier.

BIM-teamleider

Lijnmanager die leiding geeft aan een BIM-team.

NB: een BIM-team bestaat uit een aantal medewerkers van wie de hoofdactiviteiten voor het grootste deel binnen het BIM-domein vallen.

Hoofdactiviteiten

- Plannen, bewaken, rapporteren en evalueren van de kosten, baten, budgetuitputting, voortgang, kwaliteit en noodzaak van de activiteiten van de teammedewerkers en van de inzet en kwaliteit van de teammedewerkers zelf.

Businessanalist

Iemand die de bedrijfsprocessen en behoeften van een organisatie in kaart brengt en oplossingen (geautomatiseerd en/of niet-geautomatiseerd) aandraagt voor problemen in de bedrijfsprocessen.

Hoofdactiviteiten

- Huidige status van specifieke onderdelen van de informatiesystemen en het geheel van de informatiesystemen in kaart brengen (functionele kwaliteit, technische kwaliteit, kosten, baten, sterktes, zwaktes, gebruik, etc.);

- Nieuwe mogelijkheden binnen de technologische ontwikkelingen in de markt in kaart brengen;
- Impact bepalen van de ontwikkelingen op de bestaande informatiesystemen (totale portfolio van informatiesystemen en onderdelen daarvan);
- Ontwikkelingen in kaart brengen in de informatieketens en de bedrijfsprocessen;
- Behoefte aan informatiesystemen definiëren door het inventariseren van de behoeften van de organisatie (gebruikers, management, etc.);
- Operationele behoeften van de organisatie in kaart brengen inclusief de randvoorwaarden;
- Scenario's opstellen voor veranderingen in de totale informatievoorziening, bijvoorbeeld scenario's voor applicatieconsolidatie, en in specifieke informatiesystemen;
- De benodigde veranderingen in de werkprocessen bepalen en afstemmen.

Call-afhandelaar / helpdeskmedewerker / eerstelijns ondersteuner
Iemand die calls van gebruikers en andere stakeholders in ontvangst neemt en zorgt voor de afhandeling ervan.

Hoofdactiviteiten
- In ontvangst nemen, registreren en waar mogelijk (laten) afhandelen van calls;
- De status van de afhandeling van calls bewaken en periodiek terugkoppelen naar de indiener;
- Opstellen van een overzicht van frequently asked questions (FAQ's);
- Vastleggen van kennis die nodig is voor de afhandeling van calls;
- Call-rapportages maken voor het management.

Contractmanager
Iemand die verantwoordelijk is voor de contracten met IT-leveranciers en andere partners.

Hoofdactiviteiten
- Contractuele afspraken met IT-leveranciers opstellen en afspreken (bijvoorbeeld Service Level Agreements en Dossier Afspraken en Procedures) binnen de kaders die zijn gezet door *Strategy* en *Governance*;
- Opdrachtkaders verstrekken waarbinnen de IT-leveranciers hun diensten leveren;
- Ondersteunen bij de selectie van potentiële leveranciers en het opstellen van raamcontracten met IT-leveranciers.

Data steward / gegevensbeheerder / data administrator
Iemand die verantwoordelijk is voor het uitvoeren van het beleid ten aanzien van het gebruik en de beveiliging van gegevens, verantwoordelijk is voor o.a. de integriteit, betrouwbaarheid, juistheid en actualiteit van gegevens en de overeengekomen datadefinities, formaten en standaarden binnen de organisatie bewaakt.

Hoofdactiviteiten

- Procedures opstellen of aanpassen voor het toevoegen van nieuwe masterdata;
- Bestaande masterdata aanpassen;
- Metadata beheren;
- Ervoor zorgen dat de gegevens die door de bedrijfsprocessen worden gebruikt correct en actueel zijn, bijvoorbeeld door het monitoren ervan;
- Bewaken van en rapporteren over de datakwaliteit (correctheid, actualiteit, juistheid, etc.);
- Rapporteren over het gebruik van de gegevens;
- Wijzigen van diverse soorten gegevens (bedrijfsgegevens, parameters) n.a.v. vragen, verstoringen etc. en het bewaken van deze wijzigingen;
- Actueel houden data dictionary;
- Ondersteunen bij het opstellen van de globale en gedetailleerde requirements;
- Informatie verstrekken over bedrijfs- en stuurgegevens, gegevensdefinities, etc.;
- Integreren van het bedrijfsinformatiemodel met eigen informatiesystemen en met die van leveranciers of informatieketenpartners.

Informatieanalist

Iemand die de informatiebehoefte van een organisatie in kaart brengt, meestal in de vorm van 'requirements'.

NB: Vaak wordt informatieanalyse gezien als een activiteit die volgt op businessanalyse. Als de businessanalist op basis van de behoeften van de organisatie heeft vastgesteld dat er een nieuw systeem moet komen, gaat de informatieanalist de informatiebehoefte definiëren.

Een informatieanalist die zich met name richt op het analyseren van (grote hoeveelheden) data en op het omzetten van data naar informatie wordt ook wel data-analist genoemd.

Hoofdactiviteiten

- Requirements voor de geautomatiseerde en niet-geautomatiseerde informatiesystemen opstellen;
- Impact van de wijzigingsverzoeken voor de gebruikers en de gebruikersorganisatie bepalen;
- Ervoor zorgen dat de gebruikers voorbereid zijn op nieuwe procedures en/of formulieren.

Projectmanager

Iemand die de bevoegdheid en verantwoordelijkheid heeft gekregen voor het dagelijkse managen van een project en het leveren van de producten die voldoen aan de eisen die met de opdrachtgever (vaak een stuurgroep of projectboard) zijn afgesproken.

Hoofdactiviteiten

- Projectplan opstellen binnen de kaders van de informatieplannen;
- Plannen, bewaken, rapporteren en evalueren van de kosten, baten, budgetuitputting, voortgang, kwaliteit en businesscase van projectactiviteiten;
- Met de BIM-teamleider afstemmen over het inzetten van medewerkers van de BIM-organisatie;
- Acceptatie van projectmatige aanpassingen in de informatiesystemen door de staande BIM-organisatie voorbereiden.

Product owner

Lid van een scrum-team dat verantwoordelijk is voor het continu aangeven en beheren van verwachtingen van gebruikers ten aanzien van een product, als middel om de toegevoegde waarde van het product te maximaliseren.
NB: De rol van product owner is een verantwoordelijkheid van de systeemeigenaar. Deze kan soms worden gedelegeerd naar een functioneel beheerder en is inhoudelijk nader uitgewerkt in hoofdstuk 9.

Transitiemanager

Iemand binnen de gebruikersorganisatie die verantwoordelijk is voor het in gebruik en productie nemen van (gewijzigde) informatiesystemen.

Hoofdactiviteiten

- Bewaken of alle voorbereidende werkzaamheden juist en volledig zijn uitgevoerd en afgerond;
- Coördineren van de uitrol van nieuwe of gewijzigde informatiesystemen in de organisatie;
- Beslissingen nemen over afhandeling van knelpunten die optreden bij de invoering van nieuwe of gewijzigde informatiesystemen;
- Ervoor zorgen dat nieuwe applicatieobjecten, procedures, formulieren, e.d. worden verspreid en dat verouderde applicatieobjecten, procedures, formulieren, e.d. niet langer toegankelijk zijn.

Wijzigingenbeheerder

Iemand die verantwoordelijk is voor het registreren en coördineren van wijzigingsverzoeken.

Hoofdactiviteiten

Registreren

- Wijzigingsverzoeken inventariseren, registreren, analyseren;
- Wijzigingsverzoeken analyseren op noodzaak en urgentie;
- Kenmerken van een wijziging verzamelen en registreren, zoals impact, prioriteit, kosten, gewenste oplevertermijn, etc.;
- Rapporteren over de status van de wijzigingsverzoeken.

Voorbereiden besluitvorming

- Besluitvorming over wijzigingsverzoeken, de aanschaf van pakketten die veranderingen in de werkwijze met zich meebrengen of over het gebruik van nieuwe apparatuur voorbereiden en bewaken;
- De impact van wijzigingsverzoeken, nieuwe apparatuur en nieuwe pakketsoftware bepalen op andere bedrijfsprocessen, andere organisaties en op de eigen BIM-activiteiten;

Voorbereiden en monitoren wijzigingstraject

- Wijzigingen inplannen in de tijd, eventueel samenvoegen in releases (waarin meerdere wijzigingsverzoeken zijn gecombineerd) en bewaken, ten behoeve van besluitvorming door de systeemeigenaar;
- Doorvoering van de veranderingen in de informatiesystemen voorbereiden en bewaken;
- Uitvoering van wijzigingen monitoren, analyseren en bewaken, en eventuele afwijkingen van de kaders voor de uitvoering bijstellen.

11. BIM ORGANISEREN

11.1 INLEIDING

In dit boek is beschreven waarom business-informatiemanagement belangrijk is en welke activiteiten binnen dit domein thuishoren. Deze informatie kan dienen als instrument om activiteiten die gewenst zijn binnen de eigen organisatie te benoemen en te structureren.

Voordat je als organisatie BIM wil gaan vormgeven of aan de hand van BiSL wil gaan werken moet je eerst nadenken over hoe dit aan moet sluiten op de organisatie. Het stellen van de volgende vragen kan daarbij helpen:

- Wat doet de organisatie? Het ligt misschien voor de hand, maar zijn alle doelen en ambities voor iedereen duidelijk, inclusief leveranciers en partners?
- Wie zijn onze klanten en belanghebbenden?
- Wie zijn interne klanten en wat zijn leveranciers?
- Hoe zit het met de scheidslijnen tussen externe klanten, partners en leveranciers?
- Hoe zit het met de relaties met de informatieketenpartners?
- Hoe, waarom en wanneer heeft dit onderdeel van de business te maken met andere onderdelen van de business?
- Wat zijn onze digitale middelen?

Voorbeelden van digitale middelen
Tot de digitale middelen behoren o.a. foto's, video's, logo's, illustraties, animaties, audiovisuele media, presentaties, spreadsheets, Word-documenten, e-mails en hun bijbehorende metadata.

- Hoe goed voldoet de organisatie aan haar huidige doelstellingen?
- Kan worden vertrouwd op de integriteit van de data en de informatie?
- Wordt BIM als discipline herkend?
- Wat probeert de organisatie beter, goedkoper of anders te doen dan de concurrenten en wat zijn de factoren die dit beperken?
- Wat zijn de relaties met andere organisaties, inclusief concurrenten?

- Welke informatieservices worden geleverd en aan wie?
- Welke informatieservices worden afgenomen en van wie?
- Wie moet nog meer worden geraadpleegd?
- Wat kenmerkt de cultuur van de organisatie?
- Hoe zijn verantwoordelijkheden georganiseerd?
- Wat zijn de opdracht- en rapportagelijnen?
- Welke managementstijlen worden gebruikt?
- Wie heeft welke bevoegdheden en in welke mate?
- Welke vrijheden, beperkingen of politieke vereisten zijn er?

Zorg ervoor dat de focus ligt op de bedrijfsprocessen. De transformatie van een organisatie begint met het businessmodel en het bepalen van de gewenste business-services. Begin dus met na te denken over het businessmodel en de architecturen, bepaal dan de services en vervolgens het operationeel model van de organisatie.

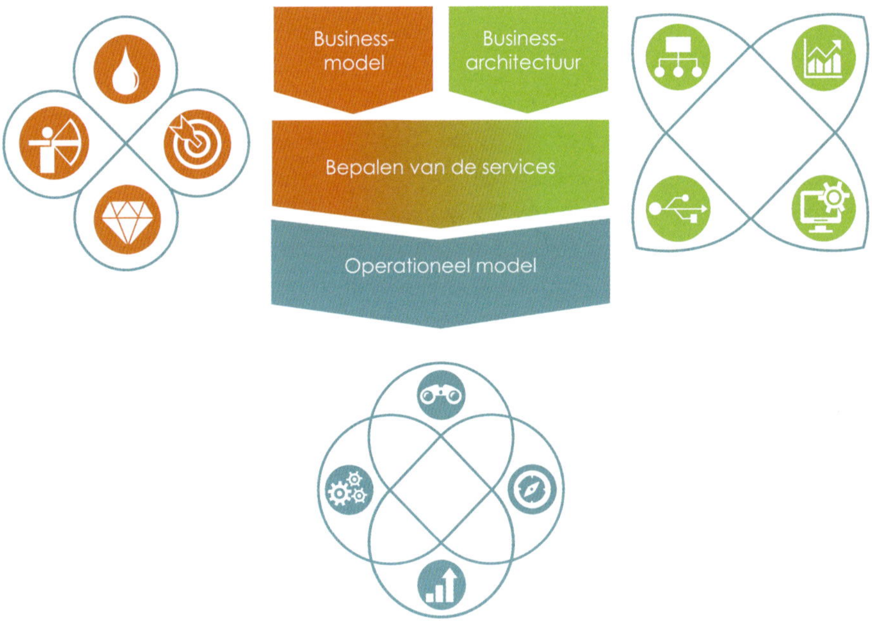

Figuur 11.1 Begin met het businessmodel

Omdat geen enkele organisatie hetzelfde is legt BiSL niets op. De business is het belangrijkste en vormt het uitgangspunt bij het bepalen van de informatieservices en voor de wijze waarop deze worden bestuurd en uitgevoerd. De waarde van geautomatiseerde informatieservices is over het algemeen voor een webshop veel groter dan voor een hovenier. Daarom zal BIM in laatstgenoemde organisatie anders vorm worden gegeven. Dat houdt echter niet in dat BiSL daarmee voor de hovenier zijn nut verliest.

BiSL kan in alle gevallen worden aangewend als een checklist en structureringsmiddel. De 'checklist' geeft aan welke *domains* in ogenschouw moeten worden genomen vanuit welke perspectieven en welke activiteiten daaraan verbonden zijn. Aanvullend op deze checklist zijn er *good practices*. Deze practices bestaan uit voorbeelden (met daarin ervaringen van allerlei organisaties) die hun waarde bewezen hebben en die passen in de door BiSL aangegeven structurering. Ook deze practices kunnen organisaties ondersteunen bij het invulling geven aan BIM.

BiSL biedt dus alle vrijheid om het framework binnen de eigen organisatie te laten werken. Dat betekent dat BiSL nooit blind moet worden geïmplementeerd binnen een organisatie vanuit de onderbouwing 'dat moet zo want BiSL schrijft dat voor'. Het blijft zaak zelf te blijven nadenken bij de inrichting van de activiteiten en te kijken wat passend is.

11.2 PROFESSIONALISERING VAN BIM-ACTIVITEITEN

Zoals gezegd, elke organisatie is anders. In sommige organisaties is het het meest efficiënt en effectief om de functioneel beheerexpertise samen te bundelen in één afdeling. In andere organisaties worden de functioneel beheertaken uitgevoerd door medewerkers die naast deze taken ook een rol hebben in het primaire proces van de organisatie of deel uitmaken van een afdeling van bijvoorbeeld de afdeling HR. Zij voeren dan naast hun gewone HR-taken ook het functioneel beheer uit van de HR-systemen.

Binnen of ten behoeve van een gebruikersorganisatie kan een afzonderlijke BIM-functie worden ingericht. Deze kan organisatorisch gezien op diverse plekken worden geïmplementeerd. Er is in zijn algemeenheid geen beste plek waar de sturing op de informatieservices plaats moet vinden. De wijze waarop BIM wordt georganiseerd en de informatieservices worden aangestuurd is afhankelijk van de specifieke organisatie, haar business-services en de informatieservices waarvan ze gebruik maakt.

Hoe groter de omvang van de informatievoorziening, des te groter is ook de omvang van de BIM-werkzaamheden. En ook het belang van de informatievoorziening heeft invloed op de omvang van de BIM-werkzaamheden. Als de omvang van BIM groot is, is het van belang structuur aan te brengen in de BIM-functie. Oftewel structuur aan te brengen in de delen van de organisatie waar BIM-activiteiten plaatsvinden. Deze structuur is mede afhankelijk van de structuur van de gebruikersorganisatie.[6]

6 Een aantal opties voor organisatiestructuren is uitgewerkt in [Van der Pols, 2009].

Wanneer een organisatie de ontwikkeling en het onderhoud van de informatiesystemen aan de hand van DevOps of Scrum uitvoert zullen een aantal functioneel beheerders en de systeemeigenaars voor een deel van hun tijd deel uitmaken van multidisciplinaire teams waarvan ook IT-ers deel uitmaken. Kortom, elke organisatie vraagt om haar eigen invulling van de BIM-taken.

De digitale enterprise

Sinds 2010 zien we steeds meer een nieuwe vorm van organisatiestructuur: een waarin alle benodigde IT-, business- én BIM-capabilities onderdeel zijn van één unit. Gezamenlijk werken zij daarbij aan een product of business-service. Er is dus geen sprake meer van muren tussen de verschillende disciplines en er zijn ook geen verschillende doelen meer. Er is alleen één gezamenlijk doel: zorgen voor toegevoegde waarde voor de klant. En alle disciplines dragen hier vanuit hun eigen expertise aan bij.

Dit noemt men dus convergence (langzamerhand integreren) van IT in de business. Verdergaand is er fusion, samensmelting van IT en business. Uiteindelijk leidt dit tot, wat men noemt, de digitale enterprise.

In de digitale enterprise kunnen, door de nauwe samenwerking tussen IT en business, de BIM-activiteiten meer door de business zelf worden uitgevoerd.

Overigens zien we deze ontwikkeling vooral bij grotere organisaties met eigen IT-expertise en veel minder bij organisaties die voor hun IT vooral gebruikmaken van hetgeen de markt aanbiedt.

Samenwerking binnen BIM[7]

Veel van de tekortkomingen in de informatieservices worden veroorzaakt doordat de onderdelen binnen het BIM-domein (zoals organisatorische eenheden of functioneel beheerders, budgethouder/systeemeigenaren en informatiemanagers) niet samenwerken, niet weten dat ze moeten samenwerken of geen of onvoldoende informatie uitwisselen. In de praktijk zijn er vaak grote hiaten te ontdekken tussen *Governance*, *Strategy*, *Improvement* en *Operation*. Meestal vindt strategievorming in een andere afdeling plaats dan de dagelijkse uitvoering van functioneel beheeractiviteiten; dat geldt ook voor het beheren en onderhouden van de informatiesystemen. Een doelstelling van BiSL is de samenhang en afhankelijkheden hiertussen duidelijk te maken.

Materiedeskundigheid is leidend

De grootste kernwaarde binnen BIM is kennis van de business-services, de bedrijfsprocessen en de bedrijfsactiviteiten enerzijds en van alle facetten van de

7 Een deel van de tekst van deze paragraaf is overgenomen uit [Van der Pols, 2012].

informatievoorziening en van datgene wat daar omheen speelt anderzijds. Deze kennis is de belangrijkste randvoorwaarde voor een effectief opererend BIM. Bij de structurering van de organisatie en de inrichting van de activiteiten moet hiermee rekening worden gehouden. Vragen van gebruikers over hoe een informatiesysteem moet worden gebruikt in hun organisatie kunnen slechts beantwoord worden door mensen die verstand hebben van die organisatie. Hetzelfde geldt voor het opstellen van requirements. Deze businesskennis is cruciaal.

Verandering kost geld

Wat men zich niet altijd realiseert is dat groots opgezette verandertrajecten geld kosten. En niet alleen het direct aan het traject toe te wijzen budget, maar ook de extra kosten die gemoeid zijn met het leren werken volgens de nieuwe afspraken, zeker als bij de nieuwe werkwijze meer registratie en administratie nodig is.

Het is belangrijk te weten waarom werkwijzen moeten worden veranderd of nieuwe activiteiten moeten worden ingevoerd, welke concrete problemen men verwacht daarmee op te lossen en welke doelen men wenst te bereiken. Zoals gezegd, verandering kan en mag geen doel op zich zijn.

Kaders zijn altijd nodig

Tegenwoordig zien we binnen diverse branches zelfsturende teams ontstaan, zoals scrum-teams of kleine teams binnen een organisatie als Buurtzorg. Een organisatie die is opgedeeld in deze kleine, informele teams waar men in hoge mate op elkaar is ingewerkt met kwalitatief hoogstaande, ervaren en gedreven medewerkers, is bijna niet te verslaan in efficiency en service.

Een basis voor registratie en sturing blijft echter noodzakelijk voor o.a. continuïteit en verantwoording aan opdrachtgevers of subsidieverleners. Zorg er wel voor dat de kaders geen keurslijf worden.

Werkbaarheid is belangrijker dan correctheid

Een framework in de praktijk brengen kan snel leiden tot de uitspraak "dat moet zó gebeuren, want dat staat in het boek". Bij het beschrijven van activiteiten kan men ook doorslaan en alle uitzonderingen willen afvangen. Een manier van werken is nooit af en nooit correct. Het geeft nooit invulling aan alle situaties. Er zijn altijd wel situaties, waarin het niet past of niet goed werkt. Men moet dan kunnen vertrouwen op de medewerker, die is tenslotte daarvoor opgeleid en in dienst genomen. Werkbaarheid is belangrijker dan theoretische correctheid.

Het is nooit 'af'

Mensen veranderen, organisaties veranderen, omgevingen veranderen en verwachtingen veranderen. Bij succesvolle professionaliseringstrajecten wordt vaak na twee tot drie jaar de ontevredenheid bij klanten en gebruikers weer groter. De bereikte resultaten zijn een vanzelfsprekendheid geworden. Men kan zich niet meer voorstellen dat het ooit anders is geweest. Maar inmiddels heeft men wel weer nieuwe problemen. Tijd dus voor een nieuwe professionaliseringsslag. Conclusie: er is nooit een eindsituatie. Als men klaar is met de uitvoering van de ene stap, dan staat de volgende stap alweer voor de deur.

Bijstellen en terugdraaien
Niet alle veranderingen pakken altijd goed uit. Soms blijkt het resultaat van een verandering negatief te zijn. Bijstellen of zelfs terugdraaien is soms noodzakelijk. Vasthouden aan de gekozen werkwijze werkt in een dergelijke situatie contraproductief.

Inrichten doet ook pijn
Als werkwijzen strakker gedefinieerd worden, kunnen bepaalde dingen niet meer. Dingen waarvan afgesproken is dat ze onwenselijk zijn, zoals er even iets tussendoor proppen of onder het tapijt vegen. Managers en medewerkers moeten zich dat realiseren en ernaar handelen. Als dat niet gebeurt, is de verandering weinig zinvol. Natuurlijk worden daarbij ook fouten gemaakt. Dat is niet erg. Fouten zijn om van te leren. Dus deel de opgedane ervaringen, niet alleen de positieve maar ook de negatieve, met anderen.

Zorg voor eenduidige terminologie
Net zoals het voor de data in de organisatie zinvol is om een datamodel op te stellen met duidelijke definities is dat ook zinvol voor de terminologie die gebruikt wordt in het BIM-domein. Of het nu een call, melding of incident gaat heten, of een wens, wijzigingsverzoek, wijzigingsvoorstel of change. Het gaat erom dat voor iedereen in de organisatie duidelijk is waar het over gaat en wat men mag verwachten.

11.3 PLANNING VAN EEN VERANDERINGSTRAJECT

Professionalisering en verbetering gaat tegenwoordig niet altijd meer in grote projecten. Bij verschillende organisaties is het onderdeel van het werk geworden: regelmatig evalueren van de uitvoering van het werk en verbeteren daar waar nodig.

Als er toch gekozen wordt voor een veranderingstraject moeten onder andere de volgende onderwerpen goed geregeld zijn:

- Bepaal het tempo en de timing van de verandering en bepaal de manier waarop BiSL gebruikt gaat worden.
- Zorg voor een snelle besluitvorming daar waar nodig om vertraging te voorkomen.

- Zorg ervoor dat de communicatie over de redenen voor de veranderingen en de veranderingen zelf consistent is; gaat het om verbetering van de bedrijfsactiviteiten, om het invoeren van BIM of om het gebruik van BiSL best practices?
- Zorg ervoor dat de communicatie consistent is. Wijs iemand aan die verantwoordelijk is voor alle communicatie rond het traject en die ook kan dienen als eenduidig aanspreekpunt voor vragen.
- Houd er rekening mee in de communicatie dat er een verschil is tussen wat er daadwerkelijk gebeurt en wat er naar verwachting kan gebeuren.
- Monitor de voortgang aan de hand van metrics die afgestemd zijn op de specifieke situatie en houd het management op de hoogte van de voortgang.
- Zorg ervoor dat het management aandacht heeft voor de koppelingen tussen strategie, tactiek en uitvoering.
- Informeer het management regelmatig over de voortgang en zorg ervoor dat de informatie in de organisatie verspreid wordt.
- Zorg ervoor dat de algemene visie eenvoudig en inspirerend is, maar niet beperkend werkt.
- Ga na welke specifieke medewerkers de verbeteringen of wijzigingen zullen uitvoeren en waarvan daarom verwacht kan worden dat ze de verandering begrijpen.
- Bepaal welke nieuwe vaardigheden deze medewerkers nodig hebben en zorg ervoor dat ze deze onder de knie krijgen.

En vooral: houd ook bij eigen veranderingstrajecten de *drivers* van BiSL in het oog:

- *Need* – Wat is de behoefte aan professionalisering en verbetering? Wat gaat er nu niet goed (genoeg)?
- *Value* - Wat is de toegevoegde waarde van professioneler BIM? Welke onderwerpen leveren de meeste toegevoegde waarde op? Is dat een betere aansturing van leveranciers of juist een betere ondersteuning van gebruikers?
- *Mission* – Wat is de missie van de organisatie en hoe kan professionalisering of verbetering van BIM daaraan bijdragen?
- *Capability* – Welke capabilities zijn nodig om de verandering uit te voeren? Welke zijn aanwezig in de organisatie? Welke ontbreken en hoe kunnen deze alsnog ingezet worden, bijvoorbeeld door inhuur of trainingen?

11.4 EINDOPMERKINGEN

Houd bij het verbeteren of organiseren van BIM-activiteiten de volgende punten goed in gedachten:

- BiSL is een hulpmiddel en geen uitgangspunt.
- Er is geen eenduidige manier voor het gaan werken aan de hand van (delen van) BiSL. Per situatie kan de invoering en uitvoering van de activiteiten verschillen.

- Werkbaarheid is belangrijker dan correctheid.
- Met het verbeteren van de BIM-activiteiten is een organisatie nooit klaar. Afhankelijk van de gevoelde problemen gaat men weer verder. Stappen terug zetten hoort daar ook bij.

Of het nu via een groot programma is of een kleine haalbaarheidsstudie, een project waarin de organisatie wordt veranderd komt een organisatie ten goede. Raadpleeg de website van de ASL BiSL Foundation voor meer ondersteuning en succes bij het beheren van de digitale diensten in uw organisatie. Niet alles in dit boek zal op u van toepassing zijn. We zijn echter van mening dat veel van het generieke advies nuttig is. Het laat de ruimte voor uw eigen invulling, waardoor de inrichting van uw BIM-activiteiten bijdraagt aan een effectieve informatievoorziening die aansluit bij de doelstellingen van uw organisatie.

Bijlage 1 - Gebruikte termen en definities

Term	Omschrijving
Acceptatietest	Een test, waarmee BIM controleert of datgene wat de IT-leverancier heeft opgeleverd aan geautomatiseerde informatievoorziening in overeenstemming is met datgene wat afgesproken is.
Applicatie	Het geautomatiseerde deel van een informatiesysteem dat bestaat uit programmatuur, gegevens en gegevensstructuren en de relevante documentatie.
Applicatiearchitectuur	Een beschrijving van de individuele applicaties, de relatie tussen de applicaties en de relatie met de bedrijfsprocessen.
Applicatiemanagement	Alle taken, verantwoordelijkheden en activiteiten gericht op beheer, ondersteuning, onderhoud en vernieuwing van bestaande applicaties en gerelateerde gegevensstructuren met als doel om de applicaties in een dusdanig staat te brengen dat zij aan de eisen en behoeften van hun eigenaren voldoen gedurende de gehele levenscyclus van de bedrijfsprocessen die de applicaties ondersteunen [Bron: Glossary BiSL1].
ASL BiSL Foundation	De stichting zonder winstoogmerk die eigenaar is van de ASL en BiSL frameworks en deze beheert en distribueert.
Bedrijfsgegevens	Gegevens die belangrijk zijn bij het uitvoeren van een bedrijfs-proces.
Bedrijfsinformatiemodel	Een structuur die inzicht geeft in de gegevens die relevant zijn voor de organisatie, gegevensdefinities en relaties tussen gegevens.
Bedrijfsproces	Een gestructureerde set van activiteiten die ontworpen zijn om een bepaald bedrijfsdoel te bereiken.
Beheerdomein	Specifiek aandachtsgebied binnen het totale veld van het beheer van informatiesystemen. Bekende beheerdomeinen zijn Applicatiemanagement en IT-infrastructuurmanagement, samen ook wel IT-servicemanagement genoemd, en business-informatiemanagement. De eerstgenoemde domeinen verlenen (op meer of minder geformaliseerde wijze) diensten aan de business en/of aan business-informatiemanagement.
BiSL-model	Een model waarin de aandachtspunten en activiteiten binnen BIM gestructureerd zijn.
BiSL-modelcomponenten	De twaalf componenten die in combinatie met elkaar de structuur van BiSL beschrijven.

Term	Omschrijving
Business (perspectief)	Het perspectief dat zich richt op de informatievoorziening vanuit het oogpunt van de bedrijfsprocessen en de bedrijfsonderdelen.
Businessarchitectuur	Een beschrijving van de structuur en de samenhang van producten of diensten van het bedrijf, de processen waarmee die producten of diensten worden gemaakt dan wel geleverd en de organisatieonderdelen die deze processen uitvoeren. Wordt ook bedrijfsarchitectuur genoemd.
Businesscase	Rechtvaardiging voor een aanzienlijke uitgave. De businesscase bevat informatie over kosten, voordelen, mogelijkheden, problemen, risico's en mogelijke problemen en geeft inzicht in de waarde van een gewenste wijziging van de informatiesystemen of -services.
Business-informatiemanagement (BIM)	Alle taken en activiteiten die gericht zijn op het besturen, definiëren, verbeteren en ondersteunen van de informatievoorziening die nodig is voor: - het uitvoeren van de bedrijfsprocessen; - het leiden van een organisatie; - het bereiken van de bedrijfsdoelstellingen.
Business-IT-alignment	De aansluiting tussen bedrijfsproces en IT gebaseerd op de mate waarin de informatievoorziening bedrijfsstrategie en bedrijfsprocessen ondersteunt.
Businessmanagement	De activiteiten die verbonden zijn aan het managen van een bedrijf, zoals besturen, leiden, monitoren, organiseren en plannen.
Business-service	Dienst van een onderneming (commercieel of overheid) aan haar klanten of andere stakeholders, die kan bestaan uit een of meerdere diensten en/of producten.
Businessunit	Een resultaatverantwoordelijke en onafhankelijke organisatorische eenheid.
Call	Een vraag, opmerking, wens of verzoek van een gebruiker met betrekking tot de informatiesystemen en -services.
Capability (perspectief)	De vaardigheid van een organisatie om activiteiten te kunnen uitvoeren.
Dossier Afspraken en Procedures (DAP)	Een dossier waarin de organisatie en de communicatie tussen leverancier en BIM wordt beschreven.
Data	Data zijn gegevens zoals symbolen, tekens, getallen, woorden, etc. Er is sprake van data of gegevens als er iets waargenomen kan worden, los van het feit of er betekenis gegeven kan worden aan deze gegevens. Dit in tegenstelling tot informatie. Informatie = data die in een bepaalde context gezet kan worden. Er is pas sprake van informatie als deze gegevens geïnterpreteerd kunnen worden. Met andere woorden: dat er een bepaalde betekenis gegeven kan worden aan de gegevens.
Data (perspectief)	Het perspectief dat zich richt op alle gegevens en informatie die nodig zijn in een organisatie om haar doelen te bereiken.
Data-architectuur	Een beschrijving van de structuur van de logische- en fysieke data binnen de organisatie en de hierbij behorende databronnen. Het is samen met de applicatiearchitectuur een onderdeel van de informatiearchitectuur.
Database	Een georganiseerde verzameling van data op een digitale gegevensdrager.

Term	Omschrijving
Databasebeheer	De activiteiten binnen applicatiemanagement en IT-infra-structuurmanagement in het kader van het beheren en onderhouden van een database.
Domains	Gebieden met aan elkaar verwante activiteiten (*Governance, Strategy, Improvement, Operation*).
Drivers	De factoren die een belangrijke invloed hebben op business-informatiemanagement (*Need, Value, Mission, Capability*).
Functioneel beheer	De activiteiten op operationeel niveau in het kader van het beheren van de informatievoorziening ofte wel het operationele deel van BIM.
Functionele eisen	De beschrijving van het gewenste gedrag (functie) van de informatiesystemen, in aanvulling op de beschrijving van de criteria die gebruikt kunnen worden om het operationele gedrag te beoordelen (niet-functionele eisen).
Gebruikersorganisatie	De organisatie die verantwoordelijk is voor de uitvoering van de bedrijfsprocessen die door de informatiesystemen en -services worden ondersteund. Een veel gebruikt synoniem voor gebruikersorganisatie is business. Daar waar in het boek wordt gesproken over 'de organisatie' wordt doorgaans ook de gebruikersorganisatie bedoeld.
Gegevensdrager	Een medium waarop gegevens kunnen worden vastgelegd (database, spreadsheet, formulier, etc.).
Governance	De activiteiten die worden uitgeoefend door de raad van bestuur of directie voor het besturen en op afstand monitoren van de formulering, de implementatie en het management van de informatievoorziening.
Implementatieplan	Een document dat alle activiteiten beschrijft die moeten worden uitgevoerd voordat een gewijzigde applicatie of een aangepaste werkwijze succesvol in gebruik kan worden genomen in een organisatie.
Improvement	Analyse, specificatie, realisatie, testen en uitrol van nieuwe of veranderde informatiesystemen en –services.
Informatie	Data met een betekenis en een doel ofwel data die in een bepaalde context gezet kan worden.
Informatiearchitectuur	Een beschrijving van hoe op het hoogste niveau de functionele samenhang is tussen informatiesystemen, hoe deze nader wordt onderverdeeld in onderliggende informatiedomeinen en wat de relaties en koppelvlakken zijn tussen deze onderdelen Hierbij zijn kenmerken voor de onderdelen, zoals investeringswaarde, status, belang, kwaliteit, sterkten en zwakten van belang. De informatie(systeem)architectuur omvat de data-architectuur en de applicatiearchitectuur.
Informatiebeleid	Het beleid dat een organisatie voert ten aanzien van de informatievoorziening. Veelal ingevuld door beschrijvingen van ontwikkelingen, achterliggende organisatiebeleidsvisies, schetsen van de op middellange en lange termijn gewenste informatiesystemen en -services, en de wijze, waarop de sturing en realisatie ervan plaatsvindt.

Term	Omschrijving
Informatiedomein	Een specifiek onderdeel binnen een gebruikersorganisatie met een eigen bedrijfsproces, procesinrichting, proceskenmerken en eigen specifiek benodigde kennis. Bijvoorbeeld financiën, inkoop, research & development of human resource management.
Informatieketenpartner	Een partij of organisatie waarmee een gebruikersorganisatie samenwerkt in een keten en waarmee informatie-uitwisseling plaatsvindt (bijvoorbeeld strafrechtketen, vreemdelingenketen).
Informatiemanagement	Het richting geven aan en bewaken van de inhoud en vorm van de informatievoorziening op hoofdlijnen (vaak voor de middellange en lange termijn), alsmede het bepalen van de meest geëigende organisatie om deze inhoud en vorm te realiseren. [Bron: Van der Pols, 2012]
Informatieplan	Het geheel aan plannen van een organisatie waarin wordt geschetst hoe de informatievoorziening er op middellange termijn (meestal drie tot vijf jaar) uit gaat zien en de weg waarlangs dat wordt gerealiseerd.
Informatiejaarplan	Een plan dat ontwikkelingen in de huidige en toekomstige informatievoorziening adresseert. Het omvat een overzicht van de belangrijkste activiteiten in het komende jaar in termen van releases, verwachte wijzigingen, planning en capaciteit, prioriteiten, benodigde ondersteuning door leveranciers, afgesproken IT-diensten voor de komende periode, kostenbegrotingen, en budgetten.
Informatieservice	Een dienst die ertoe bijdraagt dat een organisatie beschikt over de voor haar activiteiten gewenste of noodzakelijke informatie. Een informatieservice kan een of meer IT-services omvatten. Een product (hardware, software) kan onderdeel zijn van een informatieservice. NB: Een service die de organisatie van de informatie voorziet die nodig is business-services te kunnen leveren wordt ook wel Business-informatieservice genoemd. Omdat eigenlijk alle informatieservices dit doel hebben (direct of indirect) wordt deze term verder niet gebruikt in dit boek.
Informatiesysteem	De mensen, procedures, gegevens, (digitale en analoge) gegevensdragers, software en hardware die informatie produceren om de doelen van een (deel van een) organisatie te vervullen. Een informatiesysteem: ■ kan geautomatiseerd of niet-geautomatiseerd zijn of een combinatie van beide; ■ ondersteunt vaak één bedrijfsproces of een deel ervan; ■ maakt deel uit van de informatievoorziening van een of meer organisaties.
Informatievoorziening	De informatie die beschikbaar is voor (een deel van) een organisatie plus de mensen, procedures, gegevens, (digitale en analoge) gegevensdragers, software en hardware (kortweg de informatiesystemen en -services) die deze informatie voortbrengen.
Inzet	De toekenning van mensen en/of middelen voor bepaalde doeleinden (inzet).

Term	Omschrijving
IT	Informatietechnologie. In dit boek wordt IT als zelfstandig woord ook vaak gebruikt als aanduiding van de interne en externe IT-dienstverleners ('BIM en IT verzorgen gezamenlijk de informatievoorziening van een organisatie').
IT-infrastructuur	Alle hardware, software, netwerken, faciliteiten etc. die nodig zijn om applicaties en IT-services te kunnen ontwikkelen, testen, uitrollen, monitoren, beheren of ondersteunen.
IT-infrastructuur-management	Alle taken, verantwoordelijkheden en activiteiten gericht op een correcte technische exploitatie van informatiesystemen, bestaande uit apparatuur, (systeem)programmatuur, databases en databestanden [Bron: Glossary BiSL]. Alle processen en activiteiten die nodig zijn voor het up-to-date houden van de infrastructuur (de hardware) Het gaat om taken zoals: - installeren, onderhouden en vernieuwen van de IT-infrastructuur: hardware, netwerk, randapparatuur, etc.; - installeren en draaien (de operatie) van de software, installeren van databases en databestanden en zorgen dat deze in goede staat blijven (bijvoorbeeld door het maken van back-ups); - opstellen van beleid en strategie voor de IT-infrastructuur.
IT-leverancier	Een partij die diensten, projecten of producten levert die noodzakelijk zijn voor de realisatie, exploitatie, beheer, onderhoud of vernieuwing van de geautomatiseerde informatievoorziening. Een IT-leverancier binnen BiSL kan een externe partij of een interne partij, zoals de interne automatiseringsafdeling van de organisatie, zijn.
IT-management of IT-beheer	De activiteiten die verbonden zijn aan het beheren van IT-middelen als applicaties, hardware, gegevensdragers, etc.
IT-service	Een dienst die wordt geleverd door een (interne of externe) IT-dienstverlener. IT-services omvatten zowel diensten die ervoor zorgen dat klanten toegang hebben tot informatiesystemen en ondersteunende diensten zoals een servicedesk of databasebeheer, als het geautomatiseerde deel van een informatiesysteem.
IT-servicemanagement	De vaardigheden en processen die verbonden zijn aan het aansturen en beheersen van de activiteiten en middelen voor het plannen, ontwerpen, veranderen, opleveren en verbeteren van diensten ten einde waarde op te leveren. [Bron: NEN-ISO/IEC 20000-1]. Bij IT-servicemanagement gaat het bijvoorbeeld om het management van services als applicatieontwikkeling, applicatiemanagement, IT-infrastructuurmanagement en databasebeheer.
Klant	Een individu of organisatie die producten (goederen) of diensten van een andere organisatie ontvangt. Noot: BIM is de klant van IT-leveranciers, namens de business. De business heeft ook klanten, bijvoorbeeld burgers, consumenten, of andere organisaties.
Kwaliteitsplan	Een plan met kwaliteitseisen aan en verbeterpunten voor de kwaliteit van de informatiesystemen.

Term	Omschrijving
Leveranciersbeleid	Beleid dat identificeert welke leveranciers het meest geschikt zijn voor de organisatie en welke soorten relaties worden gezocht.
Masterdata	Gegevens die door de gehele organisatie worden gebruikt en die relaties hebben met veel andere gegevens in de organisatie. Het kan onder andere gaan om belangrijke bedrijfsgegevens, relatief statische gegevens, transactiegegevens, ongestructureerde gegevens, analytische gegevens en metadata.
Master data management	De processen, bestuur, beleid, standaarden en hulpmiddelen die op consistente wijze de kritieke data van een organisatie definiëren en beheren.
Metadata	Metadata (metagegevens) zijn gegevens over gegevens.
Missie (driver)	Een beknopte omschrijving van de hogere doelstellingen van een organisatie op basis waarvan KPI's en CSF's kunnen worden bepaald. In een missie staat kernachtig wat een organisatie doet en voor wie, en vanuit welke normen en waarden het handelt.
Need (driver)	De middelen die een organisatie nodig heeft om haar missie te kunnen vervullen. In het kader van BIM zijn dat de behoeften aan informatiesystemen en informatieservices.
Niet-functionele eisen	De beschrijving van het gewenste operationele gedrag van de informatievoorziening, in aanvulling op de beschrijving van het gewenste gedrag (functie) van de informatievoorziening (functionele eisen). Voorbeelden zijn prestaties, toegankelijkheid en betrouwbaarheid.
Ontwerp	De abstracte beschrijving van een informatiesysteem dat gebruikt wordt voor ontwikkeling en onderhoud van de 'fysieke' artefacten.
Ontwikkelarchitectuur	De structuur en context van de (geautomatiseerde) informatiesystemen.
Organisatiestrategie	Strategie van de business-organisatie (gebruikersorganisatie).
Operation	Ondersteuning voor diegenen die informatiesystemen gebruiken bij het uitvoeren van hun activiteiten binnen de bedrijfsprocessen, het operationele beheer van de leverancier van informatieservices en leveren en bewaken van operationele diensten.
Perspectives	Belangrijke aspecten die worden beschouwd bij Governance, Strategy, Improvement en Operation.
Plannings- en inzetoverzicht	Een document dat inzicht geeft in geplande activiteiten, ingeplande en beschikbare capaciteit en beschikbare expertise (planningsoverzicht) en inzicht in de toegekende inzet van personele middelen op opdrachten en activiteiten (inzetoverzicht).
Referentiedata	Voorgedefinieerde of toegestane waarden (uit een tabel) voor bepaalde gegevenselementen. Bijvoorbeeld productsoortcodes of landcodes.

Term	Omschrijving
Service (dienst)	Een manier om waarde te leveren aan klanten door klanten in staat te stellen de door hen gewenste resultaten te realiseren, zonder zelf eigenaar te zijn van de specifieke kosten en/of de risico's die verbonden zijn aan de service [Bron: ITIL, NEN-ISO/IEC 20000-1]. Een dienst bestaat uit een (1) aanbod van een partij aan een andere, tussen wie een (2) relatie bestaat; een (3) koppeling tussen beide partijen, (4) interactie (of dienstverlening) tussen de partijen, en resulteert in (5) output en (6) resultaat voor beide partijen. In het kader van dit boek onderscheiden we - informatieservices (services aan de business in het kader van de informatievoorziening); - business-services (services van de business aan haar stakeholders) Een manier om waarde te leveren aan klanten door klanten in staat te stellen de door hen gewenste resultaten te realiseren, zonder zelf eigenaar te zijn van de specifieke kosten en/of de risico's die verbonden zijn aan de service [Bron: ITIL, NEN-ISO/IEC 20000-1].
Service	Het perspectief dat is gericht op de diensten die nodig zijn om de nodige informatie te verzamelen voor het runnen van de organisatie en het bereiken van de doelstellingen van de organisatie.
Service-architectuur	Een beschrijving van welke informatieservices worden gebruikt en hoe deze onderling samenhangen en welke rol deze spelen in de bedrijfsactiviteiten en de business-services.
Servicemanagement	Het geheel van gespecialiseerde organisatorische vaardigheden voor het leveren van waarde aan klanten in de vorm van diensten.
Stakeholder	Elke persoon of groep die het bereiken van organisatiedoelen kan beïnvloeden of daardoor wordt beïnvloed. Voorbeelden zijn: werknemers, investeerders, de overheid en klanten.
Strategie	Een plan waarmee (in Governance gedefinieerde) doelstellingen kunnen worden gerealiseerd. Een strategie is meestal bedoeld voor de lange termijn.
Stuurgegevens (Control data)	Stuurparameters en generieke waarden zoals BTW-percentages of tariefstaffels.
Technisch beheer	Het operationele deel van IT-infrastructuurmanagement.
Technologiearchitectuur	Een beschrijving van de logische software en hardware die nodig is ter ondersteuning van de business-, data- en applicatieservices. Deze omvat de IT-infrastructuur, middleware, netwerken, communicatie, verwerking, standaarden, programmeertalen, etc.
Technology (perspective)	Het perspectief dat zich richt op de technologie die nodig is om de informatie te kunnen vergaren die nodig is voor het leiden van een organisatie en het behalen van de organisatiedoelen.
Uitrol / transitie	Overdracht van nieuwe of gewijzigde delen van een informatiesysteem naar productie.
Value (driver)	De waarde die een organisatie ontleent aan de informatiesystemen en -services.

Bijlage 2 - Soorten informatiesystemen in organisaties

Er zijn verschillende soorten informatiesystemen en de eigenschappen ervan verschillen sterk. Sommige zijn van strategisch belang voor een organisatie, andere zijn kritisch voor het goed functioneren van onderdelen van de organisatie, weer andere zijn alleen maar handig.

In deze paragraaf gaan we kort in op de verschillende soorten informatiesystemen die men in een organisatie kan tegenkomen (zie figuur B 2.1). De afgelopen jaren heeft er een grote verschuiving plaatsgevonden van maatwerk naar gedeelde informatiesystemen en standaardpakketten.

Legacy-systemen (grootschalig maatwerk)

In het verleden zijn zeer omvangrijke informatiesystemen ontwikkeld die gericht waren op de ondersteuning of uitvoering van primaire processen van een organisatie. Voorbeelden van deze systemen zijn hypotheeksystemen en salarissystemen. Dergelijke systemen worden ook nu nog gemaakt of ingrijpend vernieuwd.
Deze bedrijfsinformatiesystemen zijn veelal maatwerk, het zijn informatiesystemen die specifiek voor de organisatie zijn ontwikkeld, meestal ter ondersteuning van de primaire bedrijfsprocessen. Die processen zijn vaak redelijk stabiel, waardoor de systemen functioneel gezien lang mee kunnen. Deze grootschalige systemen (vaak denigrerend 'legacy' genoemd) zijn meestal gebouwd met technologie van meerdere decennia oud. Natuurlijk is deze technologie in de loop van de tijd meestal wel mee ontwikkeld, maar desondanks is het niet 'state of the art'.

ERP-systemen

Een belangrijk deel van de bedrijfsprocessen in organisaties zoals de financiële administratie of de logistiek, heeft een generiek karakter. De noodzakelijke functionaliteit van de systemen waarmee deze processen worden ondersteund kent een hoge mate van uniformiteit voor verschillende organisaties en verschillende branches. Natuurlijk zijn er 'lokale smaken', maar in de kern zijn deze processen generiek, evenals de systemen.

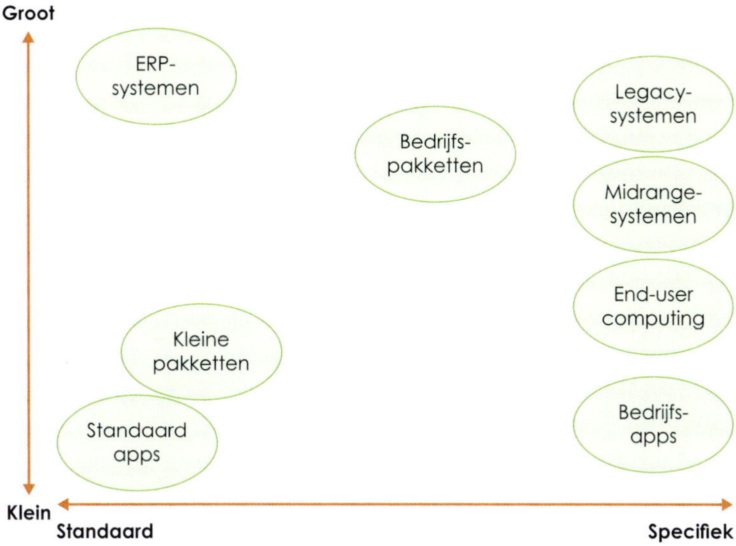

Figuur B 2.1 Verschillende soorten applicaties

Tussen 1980 en 2000 werd Enterprise Resource Planning (ERP) als generieke invulling met 'lokale smaak' populair. ERP-systemen die dergelijke processen ondersteunen, zijn standaardsystemen die per organisatie specifiek worden ingericht of ingeregeld. Bekende namen van ERP-leveranciers zijn SAP, Oracle en Microsoft (Navision). De functionaliteit van deze systemen is steeds verder uitgebreid met onder andere functionaliteit voor klantenadministraties, projectadministraties en personeelsinformatie.

Deze gestandaardiseerde programmatuur heeft een gerichte functionaliteit, maar moet breed inzetbaar zijn op de markt. Daarom is ze vaak inregelbaar en ook aanvullend programmeerbaar. Daardoor zijn zeker de omvangrijke ERP-systemen niet zo eenvoudig in te voeren en later ook niet makkelijk te vervangen. Ook is het niet op voorhand duidelijk wie het pakket inregelt, of liever wie het tijdens het beheer bijregelt. Is dit een taak voor de business of de IT?
De invoering van ERP-systemen brengt regelmatig omvangrijke kosten met zich mee, vergelijkbaar met de kosten van de maatwerksystemen die er door vervangen worden. Veel van de kosten hebben betrekking op het speciaal voor de gebruikersorganisatie aangebouwde maatwerk. Daardoor beginnen deze systemen dezelfde eigenschappen te vertonen als de groep hierboven en wordt het soms al 'de nieuwe legacy' genoemd. Bij standaardprogrammatuur is het dus zaak om zo dicht mogelijk aan te sluiten bij de door de leverancier geleverde standaardfunctionaliteit om het beoogde profijt te behalen.

Midrange-systemen (middelgroot maatwerk)

In de jaren tachtig en negentig zijn veel informatiesystemen ontwikkeld die gericht waren op de ondersteuning van primaire processen van kleinere organisaties of op

secundaire processen van grote organisaties. Vaak draaien deze ook op middelgrote computers (zogeheten 'midrange-systemen'), onder besturingssystemen als Unix. Ze zijn minder omvangrijk dan de grootschalige legacy-systemen.
Ook zijn deze informatiesystemen minder verwerkingsgeoriënteerd en meer gegevensgeoriënteerd. Het gaat dus bij deze informatiesystemen vooral om de opslag van gegevens en minder om het uitvoeren van complexe berekeningen. Bij de ontwikkeling van deze informatiesystemen is veel gebruikgemaakt van speciale ontwikkelomgevingen die toen erg in zwang waren, de zogenaamde 4GL-omgevingen. Dit zijn ontwikkelomgevingen, waar op basis van het datamodel snel informatiesystemen kunnen worden gemaakt.

Bedrijfspakketten

Voor (kleinere) organisaties met informatie-intensieve bedrijfsprocessen zijn ook in een vroeg stadium standaardsystemen (bedrijfspakketten) op de markt gekomen: de investeringen om maatwerk te maken voor hun bedrijfsprocessen waren voor de organisaties te hoog. Omdat er meerdere organisaties met vergelijkbare processen waren, was het voor IT-leveranciers lonend om pakketten te ontwikkelen voor deze organisaties en deze te verkopen.
Vrijwel alle organisaties die onderdeel zijn van een bepaalde branche, zoals gemeenten, ziekenhuizen en zorginstellingen, maar ook kappers, notarissen en de retail, gebruiken dergelijke pakketten. Deze pakketten hebben een redelijke omvang en zijn gericht op de ondersteuning van processen van specifieke soorten organisaties. Voorbeelden zijn bevolkingsadministraties, vastgoedsystemen, sociale dienstsystemen, ziekenhuisinformatiesystemen en (kap)salonautomatisering.

Naast de bedrijfsspecifieke pakketten zijn er ook verschillende oplossingen voor secundaire bedrijfsprocessen gekomen: pakketten voor salarisverwerking, HR, financiën of voorraadbeheer. Deze pakketten worden, onafhankelijk van branches, ingezet.

Kleine pakketten

Binnen organisaties wordt ook gebruikgemaakt van kleinere standaardpakketten die breder ingezet kunnen worden. Deze applicaties zijn in hoge mate bedrijfsproces-onafhankelijk. De leverancier verkoopt er veel van, zodat het contact tussen leverancier en klant vrij los is. Voorbeelden zijn kleine pakketten en kleinere financiële systemen, zoals Exact, ontwerp- en tekensystemen (CAD-CAM (Computer Aided Design/Computer Aided Manufacturing)) en kantoorautomatiseringsapplicaties (zoals Microsoft Office en LibreOffice). Vaak worden deze pakketten aangeduid als COTS (commercial off the shelf).
Bij sommige pakketten (veelal geleverd als SaaS-oplossing) zijn er verschillende ondersteuningsmogelijkheden, alle met een verschillend tarief. Bijvoorbeeld gratis voor een enkele gebruiker en betaald voor meerdere gebruikers. Ook zijn er gratis pakketten te krijgen waarbij de software niet wordt ontwikkeld binnen een bedrijf,

maar via bijdragen door onafhankelijke deelnemers. De broncode van deze pakketten is openbaar en door iedereen met verstand van zaken te wijzigen. De makers van deze 'Open-Source'-software hanteren een ander businessmodel dan hun conventionele concullega's, wat ook zijn weerslag heeft op de ondersteuning.

Kleinschalig maatwerk (end-user-computing)

De resultaten van 'end-user-computing' zijn veelal kleine handige informatiesystemen met een zeer sterk specifiek karakter. End-user-computing wil zeggen dat gebruikers zelf applicaties bouwen met behulp van speciaal daarvoor bestemde omgevingen (end-user-tools). Voorbeelden van dergelijke omgevingen zijn bijvoorbeeld Access en Excel, onderdelen van Microsoft Office.

Deze toepassingen worden ontwikkeld door gebruikers. Natuurlijk zijn dit geen gemiddelde gebruikers, het zijn veelal gebruikers met een grote interesse in computers en handigheid in het gebruik van deze hulpmiddelen. Feitelijk verrichten gebruikers hier applicatiemanagementtaken.

Apps

Een van de belangrijkste ontwikkelingen op het gebied van systemen van de laatste jaren is de opkomst van apps: applicaties ontworpen voor mobiele apparatuur zoals smartphone en tablet, waarmee gebruikers informatie kunnen ophalen (bijvoorbeeld nieuws, weer, file-informatie), maar ook gegevensbewerkingen kunnen initiëren of uitvoeren (bijvoorbeeld betalen via de bankieren-apps). De gebruikers zijn in dit geval vaak personen buiten de organisatie – de klanten van een bedrijf, patiënten van een zorginstelling of, in het geval van de overheid, burgers.

Apps worden daarnaast ook gebruikt om medewerkers die thuis of bij een klant werken toegang te geven tot de bedrijfssystemen. Een bekend voorbeeld hiervan is een mail-cliënt, die toegang geeft tot de bedrijfsmail.

Bijlage 3 - Cross-reference met BiSL1

BiSL1	BiSL Next
Gebruiksbeheer	
Gebruikersondersteuning	Business operation
Beheer bedrijfsinformatie	Data operation; Data improvement
Operationele IT-aansturing	Service operation
Verbindende processen	
Wijzigingenbeheer	Business improvement
Transitie	Business improvement
Functionaliteitenbeheer	
Specificeren	Business improvement
Toetsen en Testen	Business improvement
Voorbereiden transitie	Business improvement
Vormgeven niet-geautomatiseerde IV	Business improvement
Sturende processen	
Planning en control	H Drivers
Financieel management	H Drivers
Behoeftemanagement	H Drivers
Contractmanagement	Service strategy
Opstellen IV-organisatiestrategie	
Relatiemanagement gebruikersorganisatie	Service governance
Leveranciersmanagement	Service governance; Service strategy
Ketenpartnersmanagement	Service governance; Business strategy
Strategie inrichting IV-functie	Business strategy
Verbindende processen	
Informatiecoördinatie	Business governance
Opstellen informatiestrategie	
Bepalen bedrijfsprocesontwikkelingen	Business strategy
Bepalen ketenontwikkelingen	Business strategy
Bepalen technologieontwikkelingen	Technology strategy
Informatie-lifecyclemanagement	Business strategy; Data strategy
Informatie-portfoliomanagement	Business strategy

In het volgende schema is dit in grote lijnen, en sterk vereenvoudigd, weergegeven.

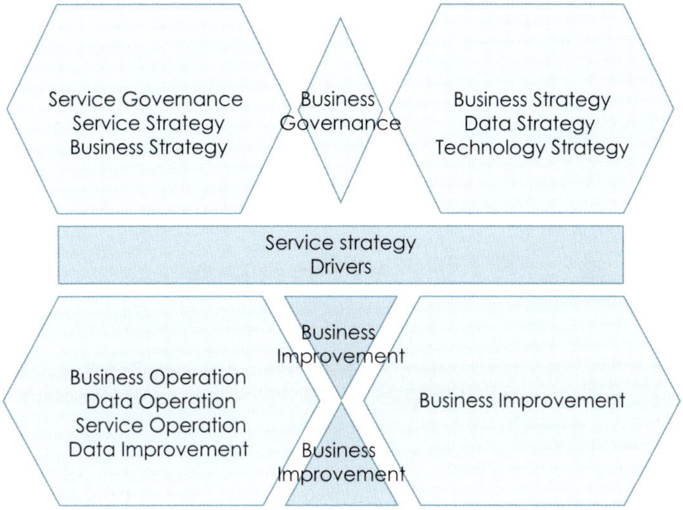

Bijlage 4 - Afkortingen

Afkorting	Betekenis
AIM	Amsterdam Information Model
ASL	Application Services Library
BiSL	Business information Services Library
BPM	Business Process Modelling
BYOA	Bring Your Own App
BYOD	Bring Your Own Device
CBS	Centraal Bureau voor de Statistiek
CIO	Chief Information Officer
CSF	Critical Success Factor (kritieke succesfactor)
CYOD	Choose Your Own Device
DAMA	Data Management Association
DAP	Dossier Afspraken en Procedures
DMBOK	Data Management Body of Knowledge
DSDM	Dynamic systems development method
DUO	Dienst Uitvoering Onderwijs
ERP	Enterprise Resource Planning
FAT	Functionele AcceptatieTest
GAT	GebruikersAcceptatieTest
IaaS	Infrastructure as a Service
IoT	Internet of Things
IT	Informatietechnologie
KPI	Key Perfomance Indicator (belangrijke prestatie-indicator)
MDM	Master Data Management
PaaS	Platform as a Service
SaaS	Software as a Service
SLA	Service Level Agreement
SSC	Shared Service Centre

Afkorting	Betekenis
RIVM	Rijksinstituut voor Volksgezondheid en Milieu
RUP	Rational Unified Process
UWV	Uitvoeringsinstituut WerknemersVerzekeringen

Bijlage 5 - Literatuur

- Agile Scrum Group, *Scrum master taken,* https://agilescrumgroup.nl/scrum-master-taken-rol/
- Agutter, Claire, *VeriSM™ – A service management approach for the digital age,* Van Haren Publishing, Zaltbommel, 2018.
- ASL BiSL Foundation, *Aanvullende literatuur BiSL® Advanced examen,* ASL BiSL Foundation, Utrecht, 2016 en referenties daarin.
- Axios, The 5 Big Strategic ITSM Challenges for 2015.
- Bernard, Pierre en Rene Visser, *IT-servicemanagement op basis van ITIL, 2011 Editie,* Van Haren Publishing, Zaltbommel, 2013.
- DAMA International, *DAMA-DMBOK: Data management Body of Knowledge,* Technics Publications Llc, 2017.
- Delen, G.P.A.J en M. Looijen, *Beheer van informatievoorziening,* Cap Gemini Publishing, Rijswijk,1992.
- ICT Informatiecentrum, *'Master data management'*, ictinformatiecentrum.nl
- Eduvision, *Wat is Big Data?,* https://www.eduvision.nl/
- Eijskoot, Jeroen, *Functioneel beheer jaarplan maken: 3 discussies,* https://www.valori.nl/blog/functioneel-beheer-jaarplan-maken-3-discussies
- Focus of Thought, *Continuous deployment,* http://focusofthought.com/ professio nal/body-of-work/ body-of-work-continuous
- Grieken, Kees van, *Wat doet een productmanager,* http://www.vangrieken.com/productmanagement/index.php?article=7
- Hedeman, Bert, Henny Portman, en Ron Seegers, *Managen van agile projecten,* Van Haren Publishing, Zaltbommel, 2015.
- Hoeffnagel, Robert, *Metadata management als zakelijk hulpmiddel,* https://www.computable.nl
- ISO 3166-1:2013, *Codes for the representation of names of countries and their subdivisions -- Part 1: Country codes,* ISO 2013.
- Johnson, Brian et al, *BiSL® Next – A Framework for Business Information Management: Improving business performance through better use of information and technology,* Van Haren Publishing, Zaltbommel, 2017.

- Luftman, Jerry, Raymond Papp en Tom Brier, *Enablers and Inhibitors of Business-IT Alignment*, Communications of the Association for Information Systems, Vol1, Maart 1999.
- Meijer, Machteld en Lex Scholten, *Strategisch beheer van de informatievoorziening met BiSL*, tweede editie, niet gepubliceerd.
- NEN-ISO/IEC 20000-1, *Information technology — Service management - Deel 1: Servicemanagement-systeemeisen*, NEN 2011.
- NEN-ISO/IEC 38500, *Information technology - Governance of IT for the organization*, NEN 2015.
- Pols, Remko van der, *Business informatiemanagement en BiSL in de praktijk*, Van Haren Publishing, Zaltbommel, 2009.
- Pols, Remko van der, *Vraagsturing en business informatiemanagement*, Academic Service, Amsterdam, 2015.
- Pols, Remko van der, Donatz, Ralph en Outvorst, Frank van, *BiSL - een framework voor business informatie management* (tweede herziene druk), Van Haren Publishing, Zaltbommel, 2012.
- Porter, Michael E., *Competitive Advantage: creating and sustaining superior performance*, The Free Press, New York, 1985.
- Scholten, Lex en Frank van Outvorst, *Cloud verandert de regiefunctie*, Keynotes 04 (winter 2013, pp 24-29).
- The Open Group, *TOGAF® Version 9.1*, Van Haren Publishing, Zaltbommel, 2011.
- Verheyen, Gunther, *Scrum wegwijzer – een kompas voor de bewuste reiziger*, Van Haren Publishing, Zaltbommel, 2016.
- Wikipedia, *Bedrijfsmodel*, https://nl.wikipedia.org/wiki/Bedrijfsmodel
- Wilkinson, Paul, *Is the Business & IT gap getting bigger?* IT manager of tomorrow, 2017, http://www.gamingworks.nl/business-gap-getting-bigger/
- Wilkinson. Paul en Jan Schilt, *ABC of ICT, an introduction*, Van Haren Publishing, Zaltbommel, 2008.

Over de auteurs

Machteld Meijer (Maise) is zelfstandig senior consultant. Ze heeft een belangrijke bijdrage geleverd aan de ontwikkeling van BiSL en ASL en is een ervaren trainer en examenontwikkelaar voor deze frameworks. Ook heeft ze deze op diverse plaatsen geïmplementeerd. Ze heeft talrijke publicaties en gastcolleges verzorgd op haar vakgebied.

Yvette Backer is mede-oprichter van het adviesbureau BiSLSmart, dat zich richt op een slim gebruik van modellen als BiSL bij de inrichting en professionalisering van business-informatiemanagement. Ze heeft diverse publicaties op het vakgebied op haar naam staan, waaronder de ASL en BiSL pocketguides, heeft vele trainingen ASL en BiSL gegeven en heeft met haar adviesbureau één van de eerste trainingen over BiSL Next ontwikkeld.

Index